ACCESO GRATIS *a la Lectura en la Nube*

AF237873

Para visualizar el libro electrónico en la nube de lectura envíe junto a su nombre y apellidos una fotografía del código de barras situado en la contraportada del libro y otra del ticket de compra a la dirección:

ebooktirant@tirant.com

En un máximo de 72 horas laborales le enviaremos el código de acceso con sus instrucciones.

© TIRANT LO BLANCH
  EDITA: TIRANT LO BLANCH
  C/ Artes Gráficas, 14 - 46010 - VALENCIA
  TELFS.: 96/361 00 48 - 50
  Fax: 96/369 41 51
  Email: tlb@tirant.com
  www.tirant.com
  Librería Virtual: www.tirant.es
  DEPOSITO LEGAL: V-473-2024
  ISBN: 978-84-1056-656-9
  MAQUETA E IMPRIME: Tink Factoría de Color , S.L.

Si tiene alguna queja o sugerencia, envíenos un mail a: atencioncliente@tirant.com.
En caso de no ser atendida su sugerencia, por favor, lea nuestro procedimiento de quejas en:
www.tirant.net/index.php/empresa/politicas-de-empresa

Responsabilidad Social Corporativa
http://www.tirant.net/Docs/RSCTirant.pdf

Introducción a QGIS

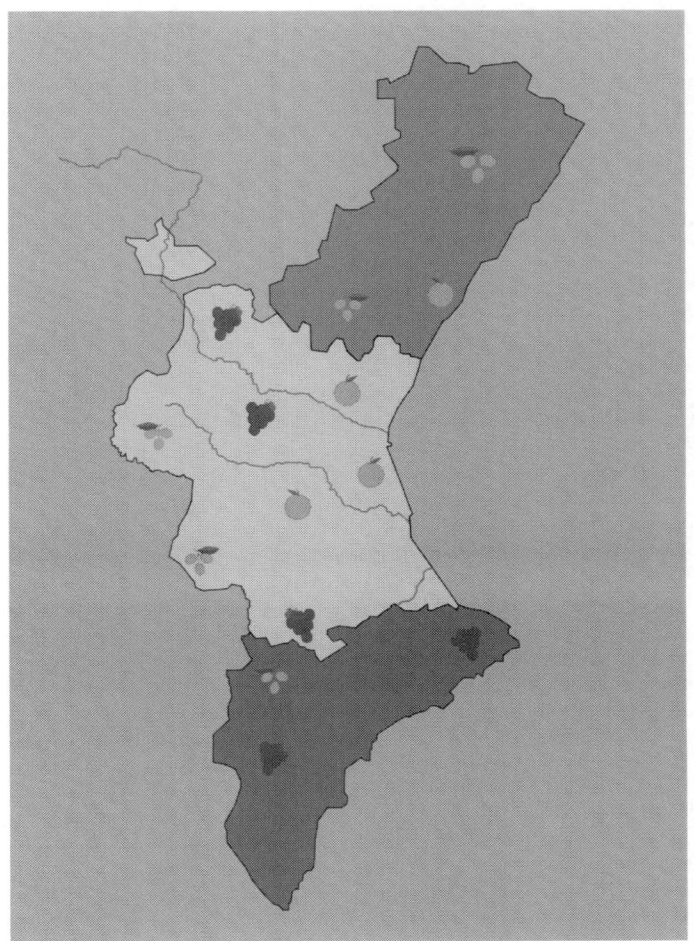

Dr. César González Pavón
Dr. Daniel Tarrazó Serrano
Dr. Sergio Castiñeira Ibáñez
Departament de Física Aplicada
Universitat Politècnica de València

«De todas las cosas, lo que más gustaba eran los libros.»
Nikola Tesla.

Los autores agradecen a la ilustradora profesional Cuca Nácher su participación en este libro en el diseño de la portada.
Este libro está dedicado al maravilloso Lore Ipsum.

Contenido

Prólogo

El concepto de Sistemas de Información Geográfica (SIG) ha sido ampliamente definido y estudiado. De acuerdo con el National Center for Geographic Information and Analysis de Estados Unidos [1], los SIG se describen como sistemas integrados de hardware, software y procesos diseñados para facilitar la recopilación, administración, manipulación, análisis, modelación y presentación de datos geoespaciales, con el fin de abordar problemas complejos en la planificación y gestión. Este concepto se complementa con la visión del economista francés Michel Didier, especialista en Información Geográfica, quien define los SIG como conjuntos de datos espaciales estructurados que permiten generar síntesis valiosas para la toma de decisiones [2]. En campos como la agricultura de precisión, los SIG han demostrado ser herramientas cruciales. Su capacidad para procesar grandes volúmenes de datos ha abierto numerosas oportunidades de investigación, destacando su potencial en este sector [3]. En la gestión de recursos hídricos, los SIG han cobrado especial importancia, como se refleja en estudios recientes [4], debido a la necesidad de administrar eficientemente este recurso limitado.

En el ámbito de la ingeniería, y más específicamente en las redes hidráulicas, los SIG se han aplicado en diseño [5], optimización [6] y simulación de parámetros hidráulicos [7, 8]. Estos sistemas ofrecen funciones avanzadas para digitalizar y organizar datos geográficos en extensas bases de datos, esenciales para procedimientos de localización. Las funciones de los SIG permiten realizar operaciones matemáticas y geográficas sobre los datos del territorio, incluyendo álgebra de mapas, superposición de mapas, generación de áreas de influencia y cálculo de distancias para la creación de mapas de proximidad o de costes de recorrido, todas ellas herramientas valiosas para abordar problemas de localización óptima de equipamientos [9].

El presente libro sobre QGIS y sus fundamentos se estructura de manera progresiva y didáctica para facilitar el aprendizaje del lector en el uso de este poderoso software de Sistemas de Información Geográfica (SIG). Comenzando con una introducción general sobre qué es un SIG y por qué QGIS es una herramienta preferida, el libro guía al lector a través de la interfaz de QGIS y su configuración, explicando cómo configurar proyectos y personalizar el espacio de trabajo. Posteriormente, se aborda la introducción de datos tanto vectoriales como *raster*, detallando su estructura y manejo. Estos capítulos son fundamentales para comprender cómo QGIS maneja los diferentes tipos de datos geoespaciales. La sección sobre el manejo de datos vectoriales profundiza en técnicas de digitalización, manejo de tablas de atributos y el uso de la calculadora de campos, habilidades esenciales para cualquier profesional de SIG. La siguiente sección se enfoca en la selección de elementos vectoriales y técnicas de búsqueda, seguida de una exploración detallada de varios geoprocesos clave como Buffer, Cortar, Disolver y Unir. La simbología y el etiquetado reciben atención especial, destacando cómo estas herramientas pueden mejorar la visualización y comprensión de los datos geoespaciales. Finalmente, se dedica un capítulo a la composición de mapas, abarcando desde la creación hasta la exportación de planos, pasando por el diseño y la impresión. Cada capítulo está diseñado para construir sobre el anterior, proporcionando una comprensión integral y práctica de QGIS.

El objetivo principal de este libro es proporcionar una comprensión profunda y aplicada de QGIS, permitiendo a los lectores adquirir habilidades prácticas en el manejo de datos geoespaciales y la realización de análisis geográficos. Los lectores aprenderán a:

1. Navegar y personalizar la interfaz de QGIS.

2. Importar, manejar y analizar datos vectoriales y *raster*.

3. Realizar digitalización avanzada y manejar tablas de atributos.

4. Utilizar herramientas de selección y búsqueda para análisis espaciales.

5. Aplicar técnicas de geoprocesamiento para análisis y modelado espacial.

6. Desarrollar habilidades en simbología y etiquetado para una mejor representación de datos.

7. Crear composiciones de mapas profesionales y efectivas para la presentación y publicación.

El libro concluye con un ejemplo práctico y detallado de aplicación en el anexo: **Trazado de redes de riego mediante QEPANET**. Este apéndice proporciona un caso de estudio realista, comenzando con la recopilación de datos previos y avanzando a través del proceso de modelado de la red de riego. Este ejemplo práctico consolida los conceptos y habilidades adquiridas en los capítulos anteriores, demostrando cómo QGIS puede ser utilizado eficazmente en proyectos de ingeniería y planificación ambiental. A través de este caso de estudio, los lectores podrán aplicar sus conocimientos en un contexto real, experimentando la potencia y versatilidad de QGIS en el mundo real.

Capítulo 1

Introducción

Existen muchas definiciones de SIG (Sistemas de Información Geográfica) que no es simplemente un programa. En general los SIG son sistemas que permiten el uso de información geográfica (los datos tienen coordenadas espaciales). En particular, los SIG permiten ver, consultar, calcular y realizar análisis espaciales de los datos, que principalmente son de tipo ráster y vectorial. Los datos vectoriales están formados por objetos que pueden ser puntos, líneas y polígonos; cada objeto puede tener uno o más atributos con valores. Un *raster* es una cuadrícula (o imágen) en la que cada celda tiene un atributo con valores [10]. Muchas aplicaciones SIG utilizan imágenes ráster que son obtenidas con sensores remotos.

1.1 ¿Qué es un SIG?

Se entiende por «Sistema de Información» la conjunción de información con herramientas informáticas Si el objeto concreto de un sistema de información (información+software) es la obtención de datos relacionados con el espacio físico, entonces estaremos hablando de un **Sistema de Información Geográfica** o **SIG** (GIS en su acrónimo inglés, *Geographic Information Systems*).

Así pues, un SIG es un software específico que permite a los usuarios crear consultas interactivas, integrar, analizar y representar de una forma eficiente cualquier tipo de información geográfica referenciada asociada a un territorio, conectando mapas con bases de datos.

El uso de este tipo de sistemas facilita la visualización de los datos obtenidos en un mapa con el fin de reflejar y relacionar fenómenos geográficos de cualquier tipo, desde mapas de carreteras hasta sistemas de identificación de parcelas agrícolas o de densidad de población. Además, permiten realizar las consultas y representar los resultados en entornos web y dispositivos móviles de un modo ágil e intuitivo, con el fin de resolver problemas complejos de planificación y gestión, conformándose como un valioso apoyo en la toma de decisiones.

1.2 ¿Qué softwares son los más utilizados?

Existe gran variedad de softwares para trabajar con SIG. En la actualidad, los más utilizados y de los que más formación se puede recibir son los siguientes:

De código abierto

- Quantum GIS (QGIS): `https://www.qgis.org/es/site/`
- gvSIG: `http://www.gvsig.com/`

De pago:

- ArcGIS: `https://desktop.arcgis.com/es/arcmap/`

1.3 ¿Por qué utilizar QGIS?

Aquí se aportan algunas razones:

- Es gratuito. No existen licencias de pago de ninguna versión.

- Es libre. Si requieres más funciones de las que QGIS tiene, puedes crearlas tu mismo si estas familiarizado con la programación.

- Está en constante desarrollo. Ya que cualquiera puede añadir nuevas funciones y mejorar las existentes. Extensa ayuda y documentación disponible.

- Multiplataforma: QGIS puede ser instalado en MacOS, Windows y Linux.

Capítulo 2

La interfaz de QGIS y su configuración

Iniciamos QGIS desde escritorio y se abre la interfaz principal de configuración.

Figura 2.1: Interfaz de usuario de QGIS

Podemos encontrar 6 partes bien diferenciadas:

1. **Barra de menús (azul):** nos permite realizar las tareas como en cualquier otro software de *Abrir, Guardar, Guardar como, Exportar*. También contiene los menús de Edición, Capa y Vectorial que usaremos posteriormente para trabajar con nuestros proyectos.

2. **Barra de herramientas:** donde aparecen las principales herramientas para la edición, consulta y etiquetado entre otras. En la interfaz principal no están todas

activas, se puede activar haciendo *click* derecho sobre la zona sin herramientas donde se despliega el listado completo.

3. **Panel Navegador:** el mismo nos permite conectar con todos los discos y carpetas del ordenador (incluso discos externos y unidades virtuales) para importar/exportar archivos.

4. **Panel de capas:** en él se irán listando todas las capas del Proyecto (tanto *raster* como vectorial) y estarán dispuestas en orden de visibilidad.

5. **Espacio de trabajo:** en el mismo es donde se visualizarán todas las capas del Proyecto y en el cual podremos trabajar con las mismas para crearlas, editarlas, consultar, etc.

6. **Información geográfica (verde):** en esta barra podemos consultar la información geográfica actual como las coordenadas del cursor, la escala, la rotación respecto al norte y el Sistema de Referenecia Cartográfico (SRC).

2.1 Configuración del Nuevo Proyecto

Para iniciar un nuevo Proyecto desde la interfaz de QGIS llevamos el cursor a la parte superior izquierda y hacemos click sobre el símbolo ▯ o mediante el teclado pulsamos *CTRL + N*. Seguidamente, debemos guardar el Proyecto en un directorio conocido donde trabajaremos con el resto de archivos en el futuro. El guardado del proyecto se realiza mediante *Proyecto - Guardar como* donde podremos elegir la carpeta y el nombre del mismo. De aquí se genera un archivo *.qgz*.

Seguidamente, y previo a comenzar a trabajar con las capas, definimos el SRC. Llevamos el cursor a la esquina derecha inferior donde aparece el siguiente símbolo ◈. Clicando sobre él se abre la ventana de *Propiedades del Proyecto/SRC*. En ella nos salen todos los SRC de los cuales dispone el software.

En España, el SRC a utilizar por los organismos oficiales está regulado por el RD 1071/2007 de 27 de julio de 2007, por el que se regula el sistema geodésico de referencia oficial en España siendo este el *European Terrestrial Reference System 1989* (ETRS89). Es posible que en alguna ocasión tengamos información previa a la implantación de la ley donde el SRC entonces era el *ED50*. Si esto nos ocurriera, la transformación de datos se puede llevar a cabo desde `http://www.ign.es/web/ign/portal/gds-rejilla-cambio-datum`.

Por tanto, en la parte superior de la barra de búsqueda, para seleccionar la región de estudio en la que basamos este libro, escribiremos *ETRS89* y al filtrar elegiremos el *EPSG: 25830*. Esto corresponde con el *ETRS89/UTM zone 30N* que es el que situa la Comunitat Valenciana (España).

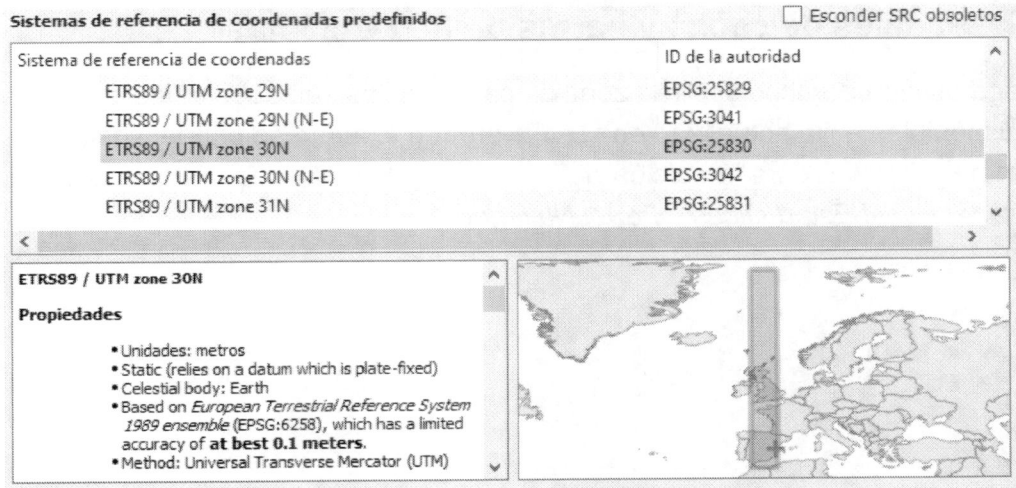

Figura 2.2: Definición del SRC. Ejemplo de la zona de estudio en la Comunitat Valenciana (España)

Pulsamos en *Aplicar* y *Aceptar* para volver a la pantalla principal.

2.2 Adecuación del espacio de trabajo

2.2.1 Autoensamblado

Para simplificar la edición de capas y la selección de los elementos de las mismas, es importante que el *autoensamblado* y la selección estén bien configuradas. Esto nos ayudará a editar las geometrías de los archivos o creación de los mismos.

El *autensamblado* permite, mientras se está editando una capa, hacer referencia a los elementos del resto (vértices, líneas, puntos) o de ella misma. Para activarlo debemos seguir el siguiente procedimiento:

Vamos al menú *Proyecto - Opciones de autoensamblado* y se nos abre la siguiente ventana,

Figura 2.3: Opciones de autoensamblado del proyecto.

Lo primero que hacemos es activar el símbolo ⬚ para después seleccionar los parámetros de autoensamblado que deseamos. La recomendación es que el autoensamblado haga referencia a *Todas las capas, Vértice y segmento*. Las distancias recomendadas para este tipo de trabajos son de 5-20 m.

2.2.2　Paneles de capas y barras de herramientas

Si hacemos *click* derecho sobre la zona de paneles, nos aparecen todos los que tenemos disponibles en la actualidad en el software (en el futuro se pueden instalar más). Los imprescindibles para la edición de capas son *Panel Capas, Panel Digitalización avanzada, Panel Estadísticas y Panel Navegador.*

Capítulo 3

Introducción de datos vectoriales y *raster*

Los softwares SIG trabajan, de forma general, con dos tipos de archivos: vectoriales (*shapefiles*) y *rasters*. En este punto vamos a tratar la introducción, edición y exportación de los mismos.

3.1   Estructura de datos vectoriales

Un *shapefile* se utiliza para almacenar la información geométrica asociada a la información de sus atributos en entidades geográficas. Las entidades geográficas de este tipo de archivos se pueden representar como puntos, líneas o polígonos.

Los archivos *shapefile* (**.shp*) van siempre acompañados de una serie de archivos que en su conjunto forman el archivo vectorial. Los archivos son:

- ***.shp:** es el archivo principal donde se almacena la geometría.

- ***.shx:** es el archivo que almacena el índice de la entidad.

- ***.dbf:** es la table que almacena la información de los atributos.

- ***.qpj:** archivo propio de QGIS

- ***.prj:** lleva asociado el SRC de la capa.

Por tanto, siempre que compartamos archivos con demás personas o entidades, se deben enviar todos los asociados al mismo para que la información llegue completa.

3.2 Estructura de datos *raster*: Ortofotos

Un archivo de datos raster se refiere a un tipo de representación de datos geoespaciales que se organiza en una matriz de celdas o píxeles. Cada celda en un archivo raster tiene un valor que representa información sobre esa ubicación.

Para facilitar el trabajo de edición de capas sobre una superficie se requiere de la incorporación de imágenes satélite u ortofotos. Este tipo de archivos puede venir en gran cantidad de formatos distintos (**.ers, *.tif, *.asc*, etc.). La particularidad de estos que es llevan asociado tanto el sistema de coordenadas en el que están definidos como las coordenadas de las esquinas de la imagen. Esto nos permite insertar las imágenes en QGIS y que se ajusten sobre sus coordenadas automáticamente.

3.3 Crear capas vectoriales

Para crear una nueva capa de archivo **.shp* debemos ir al menú *Capas - crear capa - nueva capa de archivo shape* del cual obtenemos la siguiente ventana (ver Figura 3.1).

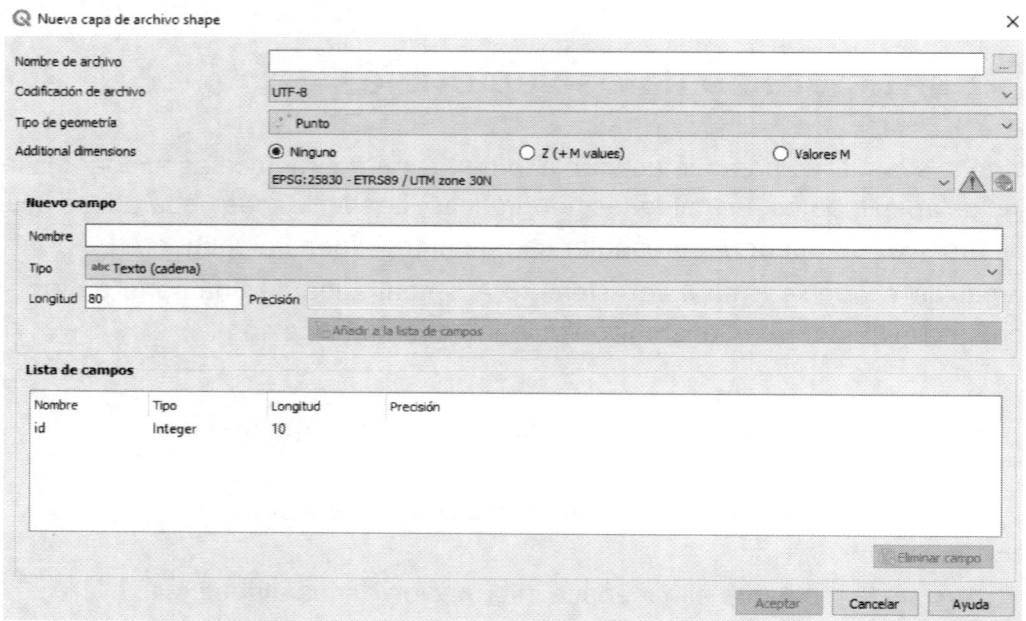

Figura 3.1: Menú de capas.

En primer lugar, debemos seleccionar el directorio donde se va a guardar la capa mediante . Lo guardaremos como *NOMBRE.shp*. Seguidamente debemos seleccionar el tipo de geometría que tendrán los datos vectoriales. Estas pueden ser tipo[1]

---

[1]Si deseamos que la geometría tenga dimensión Z añadiremos la opción "*Incluir dimensión Z*".

Punto, Línea o Polígono. El proceso finaliza seleccionando el SRC deseado[2].

Ahora que hemos definido la geometría, debemos darle forma a la tabla de atributos asociada a ella. Para ello debemos configurar los campos que deseamos que tengan. A modo de ejemplo, vamos a crear una capa de puntos para localizar los pozos existentes en una zona determinada. Para distinguirlos debemos crear un campo de tipo texto (*string*) y longitud de caracteres suficiente (20-30). Por tanto, la tabla quedaría tal y como se muestra en la Figura 3.2.

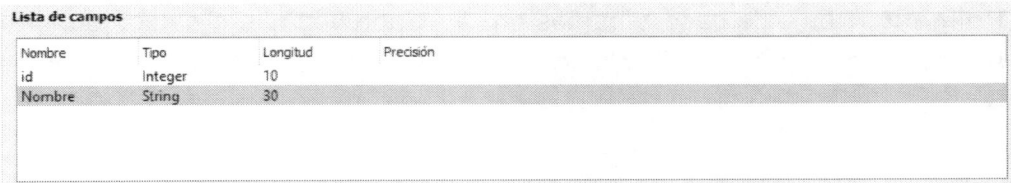

Figura 3.2: Lista de campos.

Haciendo *click* en *Aceptar* terminamos la creación de la capa. Ahora tendremos la capa en el panel de capas ☑ ● **Prueba_puntos** . Ahora mismo la capa está vacía, es decir, no hemos añadido ningún elemento por lo que no debemos de ver nada en el espacio de trabajo.

Posteriormente, vamos a editar la capa para crear el primer punto. Cuando insertamos una nueva capa, esta por defecto no está en modo edición, para activarlo clicamos en la parte superior en el símbolo ✎ estando la capa deseada seleccionada. Con la capa activa, es posible añadir puntos clicando en el símbolo ⊙.

Si añadimos el primer punto sobre el espacio de trabajo obtendremos una ventana para rellenar los campos existentes en la tabla de atributos (Figura 3.3).

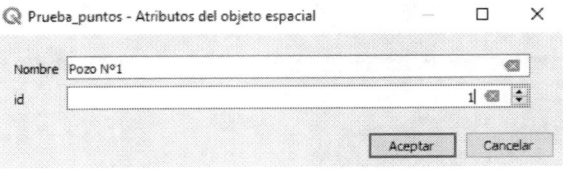

Figura 3.3: Atributos del objeto especial.

Tras ello, aparecerá el primer punto en la pantalla. Para proceder a la creación de capas de tipo líneas y polígonos se procede del mismo modo con la particularidad de su trazado, que explicamos a continuación:

- **Líneas:** para dibujar líneas clicamos sobre el símbolo ⊙. En su dibujo cada vez que cliquemos sobre el lienzo crearemos un vértice de la línea y finalizaremos su edición con *click* derecho (ver Figura 3.4).

---

[2]En el caso de España *ETRS89 zone 30 N o 31 N*.

Figura 3.4: Selección mediante líneas.

- **Polígonos:** en este caso clicamos en ▓. Cada vez que clicamos generamos un vértice del polígono. Finalizado el dibujo se hace *click* derecho (ver Figura 3.5).

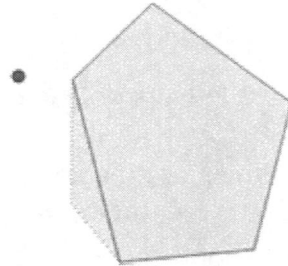

Figura 3.5: Selección mediante polígono.

3.4 Añadir capas vectoriales y raster

Igual que se pueden crear capas desde cero, es posible añadir capas creadas anteriormente. Para ello, seguimos la siguiente ruta *Capa - Añadir Capa - Añadir capa vectorial* donde se abre la siguiente ventana (ver Figura 3.6).

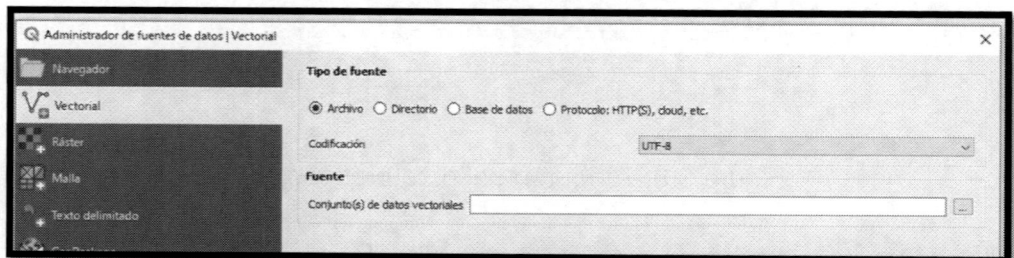

Figura 3.6: Menú de añadido de capas vectoriales

Puesto que estamos añadiendo capas vectoriales, nos situaremos sobre esa opción donde le tendremos que mostrar a QGIS el directorio de la capa. La codificación la mantendremos en UTF-8[3]. Tras ello, veremos como la capa se añade al espacio de

---

[3]Unicode Transformation Format

trabajo y aparece reflejada en el panel de capas. En la Figura 3.7 se muestra un ejemplo de capas.

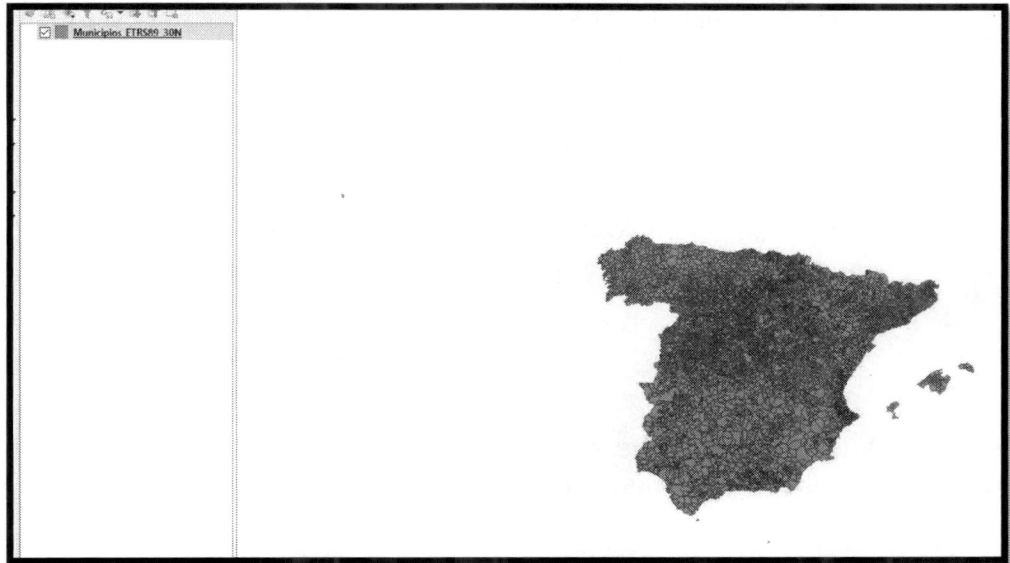

Figura 3.7: Ejemplo de capas con municipios de España *ETRS89 30N*

Mediante este procedimiento se pueden añadir capas de los tres tipos de geometrías con los que trabaja QGIS. El procedimiento para las imágenes raster es idéntico seleccionando la opción de *Raster*.

3.5   Añadir capa de puntos de tabla

En numerosas ocasiones nos podemos encontrar en la situación de tener la información geográfica en formato de hoja de cálculo, como puede ser la proporcionada por EXCEL (*.xls, *.txt, *.csv*). Un ejemplo claro de esta situación es la de obtener información de campo mediante un levantamiento topográfico de un terreno, camino, balsa, etc. Los instrumentos de toma de datos no nos devuelven la información directamente en formato *.shp* por lo que debemos de transformarlo.

A continuación, se explica el procedimiento mediante un ejemplo de puntos tomados sobre una balsa. Dada la información de campo en un archivo *.txt* que tiene la siguiente estructura (ver Figura 3.8).

puntos_balsa: Bloc de notas

Archivo   Edición   Formato   Ver   Ayuda

ID,X,Y,Z,Tipo
1,739333.477,4412346.761,63.100,Insertado
2,739351.930,4412354.130,63.080,Insertado
3,739383.059,4412361.246,62.980,Insertado
4,739518.758,4412371.156,58.400,Insertado
5,739539.977,4412373.697,58.030,Insertado
6,739551.412,4412368.488,57.760,Insertado
7,739555.351,4412355.782,58.080,Insertado
8,739556.876,4412316.013,57.100,Insertado
9,739556.241,4412292.126,56.850,Insertado

Figura 3.8: Ejemplo de datos en formato texto (**.txt*).

Mediante la ruta *Caja de herramientas - capa - añadir capa - capa vectorial - texto delimitado* nos aparece la siguiente ventana (ver Figura 3.9).

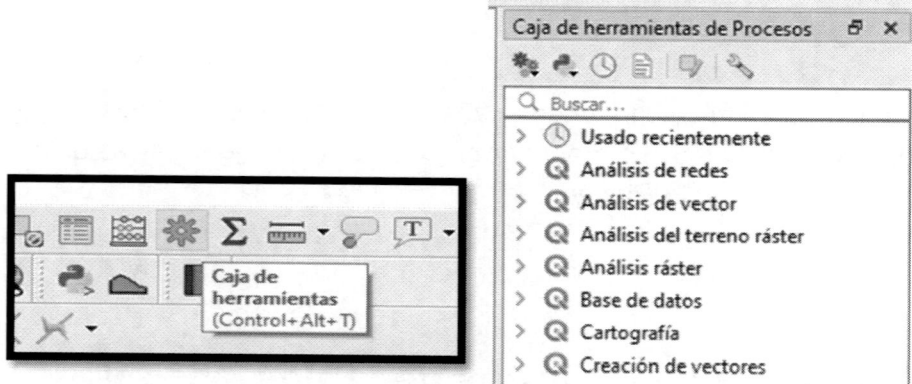

Figura 3.9: Caja de herramientas.

Dentro de la ventana *Creación de vectores* accedemos a *Crear capa de puntos a partir de tabla*. Se abrirá la siguiente ventana en la cual buscaremos donde tenemos la tabla y rellenaremos los campos x, y, z, en SCR ponemos el sistema nuestro de referencia y marcamos abrir el archivo de salida después de ejecutar el algoritmo (ver Figura 3.10).

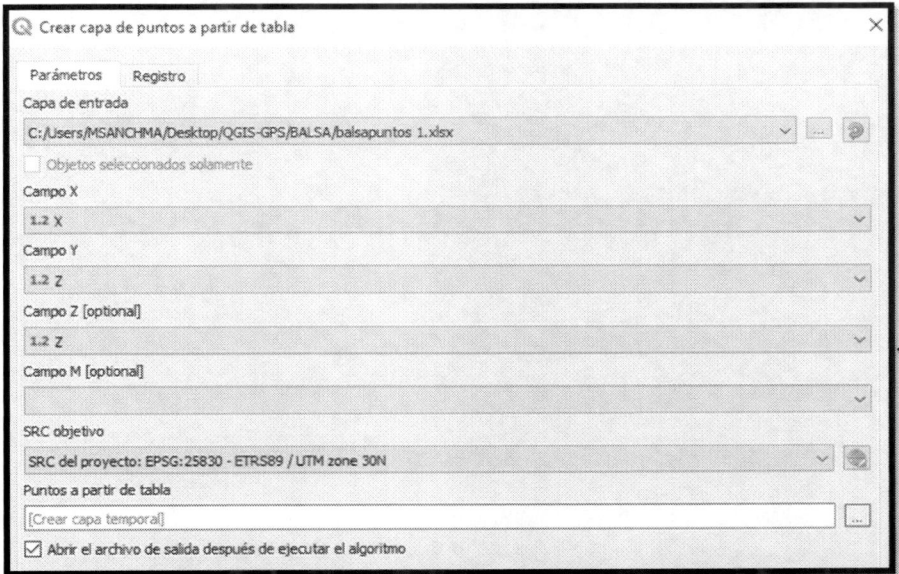

Figura 3.10: Creación de capa de puntos a partir de tabla.

Se creará una capa temporal de puntos a partir de *Tabla*. Para hacer permanente esta capa, botón derecho sobre la capa hacer permanente.

Capítulo 4

Manejo de datos vectoriales

4.1 Manejo de geometrías

Tras conocer como introducir la información geográfica por distintos tipos de vías, es el momento de aprender a trabajar con las mismas para poder obtener los resultados deseados en nuestros proyectos. A continuación, se muestran una serie de herramientas que servirán para editar capas vectoriales o crear nuevos elementos dentro de las mismas. Recordar que, para actuar sobre una capa vectorial, esta debe estar en modo edición .

4.1.1 Barra de herramientas de digitalización

Esta barra es la que nos permite activar y desactivar una capa para su edición. A continuación, se muestra la función de cada uno de sus elementos:

Figura 4.1: Menú de de herramientas para edición de capas

De izquierda a derecha:

- Con los dos primeros elementos podemos activar, desactivar y guardar las acciones realizadas sobre una capa.

- nos sirve para guardar directamente los cambios en la capa sin necesidad de desactivar la capa.

- Para crear nuevos elementos sobre una capa pulsaremos donde se activará el modo de edición para dibujar sobre el lienzo.

- Para editar los vértices de dichos elementos utilizaremos ⬚.

- ⬚ para cambiar los atributos de los objetos seleccionados.

- ⬚ para borrar los elementos seleccionados.

4.1.2 Barra de herramientas de digitalización avanzada

Con esta barra podremos generar y editar geometrías mediante herramientas avanzadas que nos permitirán desplazar, girar, simplificar, cortar y pegar los elementos. A continuación, se explica la función de cada uno de los elementos (Figura 4.2).

Figura 4.2: Menú de de herramientas para edición de capas avanzadas.

- ⬚ para copiar y mover objetos seleccionados. El desplazamiento es manual.

- ⬚ para rotar objetos seleccionados desde un punto base introduciendo el valor del ángulo de rotación.

- ⬚ para suavizar objetos seleccionados. Esta opción sirve para añadir vértices en las geometrías de línea y polígono consiguiendo un trazado más suave. Puede servir para suavizar curvas de nivel (ver Figura 4.3).

Figura 4.3: Ejemplo de suavizado de trazado.

- ⬚ nos permite añadir anillos en el interior de polígonos, eliminando así el área dibujada (ver Figura 4.4).

Figura 4.4: Ejemplo de creación de anillos en interior de polígonos.

- ⬚ un mismo elemento puede estar formado por distintas geometrías. Pulsando sobre el símbolo podemos añadir una geometría al mismo elemento pese a no existir ningún vértice en común.

- ⬚ nos permite rellenar anillos en polígonos creados generando un nuevo elemento y tomando lo atributos del objeto sobre el que se dibuja.

- ⬚⬚ con ellos podemos borrar anillos y objetos multiparte seleccionados.

- ⬚ permite remodelar objetos dibujando sobre el lienzo la nueva forma a adquirir.

- ⬚ permite generar un área de influencia de la geometría dada pinchando sobre ella y introduciendo el valor de la misma en unidades del dibujo: Permite la inserción tanto de valores positivos como negativos (ver Figura 4.5).

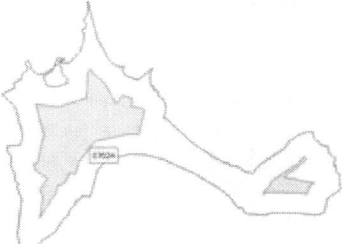

Figura 4.5: Ejemplo de área de influencia.

- ⬚ nos permite, en el caso de líneas, invertir el sentido de dibujo de las líneas. Esto hace varios datos de los vértices como azimuts y ángulos.

- ⬚ nos sirve para dividir un objeto en diferentes objetos. Esto hace que cada nuevo elemento tenga atributos independientes (ver Figura 4.6).

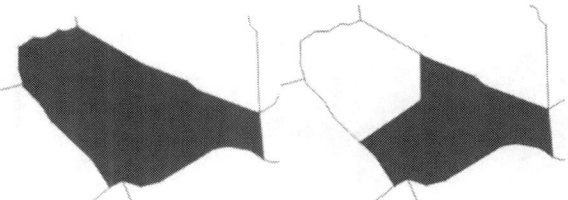

Figura 4.6: Ejemplo de división de objetos.

- ⬚ del mismo modo se puede realizar la operación inversa y unir varios objetos.

4.2 Manejo de tablas de atributos

Los SIG trabajan con geometrías que llevan asociados datos de tipo texto, número, fecha, etc. En este punto vamos a ver cómo acceder a los datos de una geometría, como crear los datos propios de cada geometría y como añadir nuevos campos para nuestros proyectos.

4.2.1 Acceso a los datos de una geometría

Si trabajamos con una capa ya creada, esta contendrá una *Tabla de Atributos* asociada al dibujo. Para acceder a la misma, desde el panel de capas hacemos *click* derecho sobre la capa deseada y seleccionamos *Abrir tabla de atributos*.

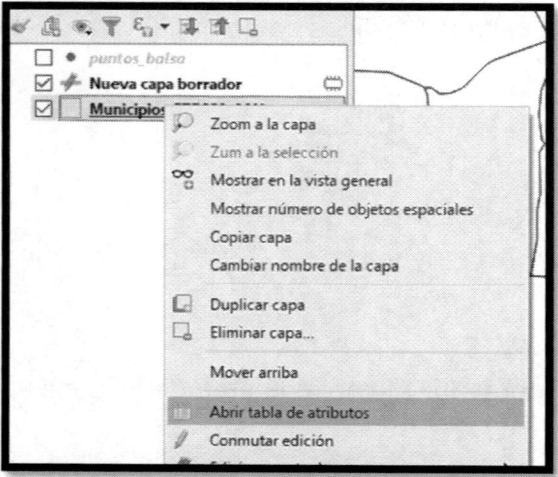

Figura 4.7: Menú de apertura de la tabla de atributos.

Seguidamente, se nos abre en una nueva ventana la tabla de atributos con todos sus campos (columnas) y objetos (filas) que contiene.

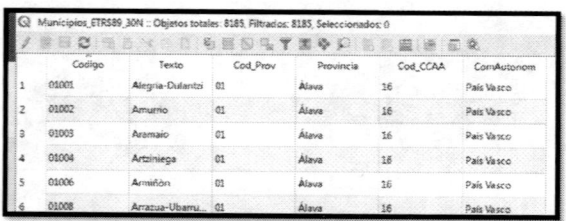

Figura 4.8: Ejemplo de tabla de atributos.

En la parte superior podemos observar el número total de objetos que contiene y los que tenemos seleccionados en ese momento. Si seleccionamos una fila (objeto), esta se iluminará en color azul y el objeto al que corresponde quedará seleccionado también sobre el lienzo. Dado que en ocasiones se trabaja con gran número de datos, si se hace *click* derecho sobre el objeto en la tabla nos da las opciones de *zoom al objeto, desplazar al objeto o flash* mejorando así la localización del mismo.

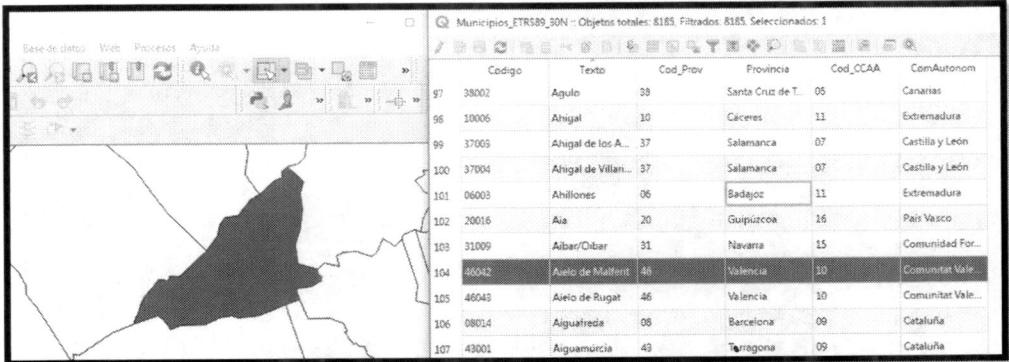

Figura 4.9: Selección mediante zoom al objeto.

4.2.2 Filtrado de objetos

Conocida la estructura de una tabla de atributos, en este punto vamos a ver como filtrar datos a partir de los atributos de la tabla. En este caso, utilizando de nuevo la capa de municipios de España vamos a filtrar todos los municipios correspondientes a la Comunitat Valenciana. Para ello, en la barra superior hacemos *click* sobre ▼. Seguidamente aparece la siguiente ventana (ver Figura 4.10).

Figura 4.10: Ejemplo de filtrado de objetos por atributo.

Introduciremos el texto con el que filtrar en el campo correspondiente y, a la derecha, seleccionaremos el tipo de filtrado en función de la precisión que queramos obtener. Si se selecciona el campo *Case sensitive* le estamos permitiendo diferenciar caracteres en mayúscula y minúscula. Finalmente, abajo a la derecha pinchamos sobre Seleccionar objetos. Pulsando *CTRL + J* podemos encuadrarlo en el lienzo.

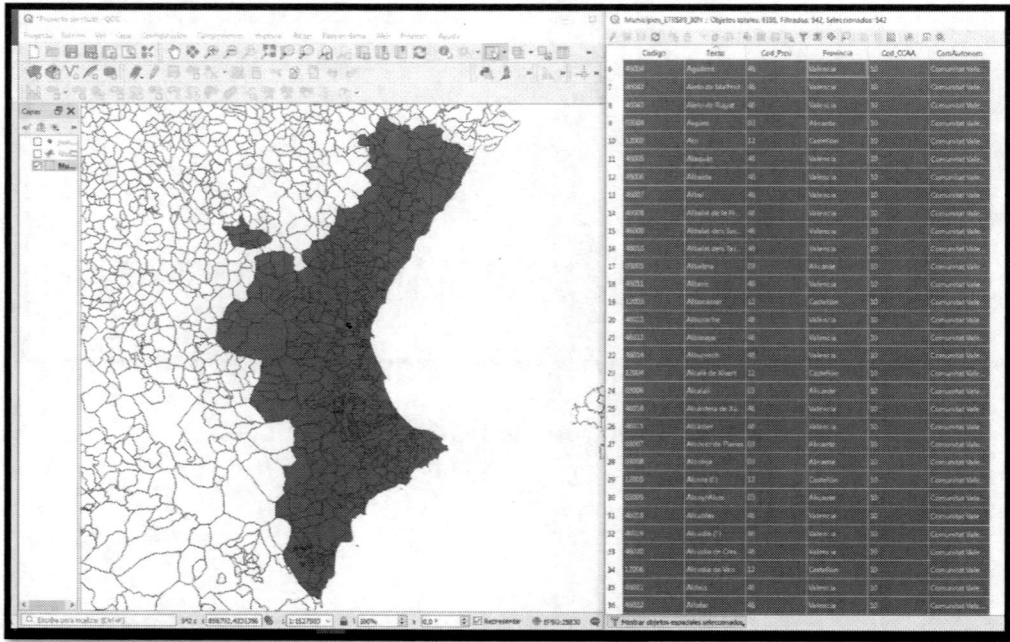

Figura 4.11: Ejemplo de selección de objetos filtrados.

Para que la tabla de atributos solamente nos muestre los objetos seleccionado, en la ventana de la misma en el margen inferior izquierdo, existe un desplegable que nos ofrece distintas formas de visualización.

4.2.3 Añadir y eliminar campos

En una geometría del tipo que sea se pueden añadir infinitos campos a su tabla de atributos. Cuando vamos a añadir un campo nuevo debemos tener claro el tipo de dato a introducir. Es posible añadir datos numéricos enteros (*integer*), numéricos decimales (*float*) y textos (*string*). Para añadir un campo la capa debe estar activa ⬛ y pulsar sobre *Añadir campo* (*CTRL + W*) ⬛. Tras ello se abre la ventana para introducir los datos del nuevo campo. Como ejemplo, introduciremos un campo de tipo numérico decimal donde más tarde calcularemos el área de cada término municipal en km^2. El campo tendrá una longitud máxima de 10 caracteres y una precisión de un decimal.

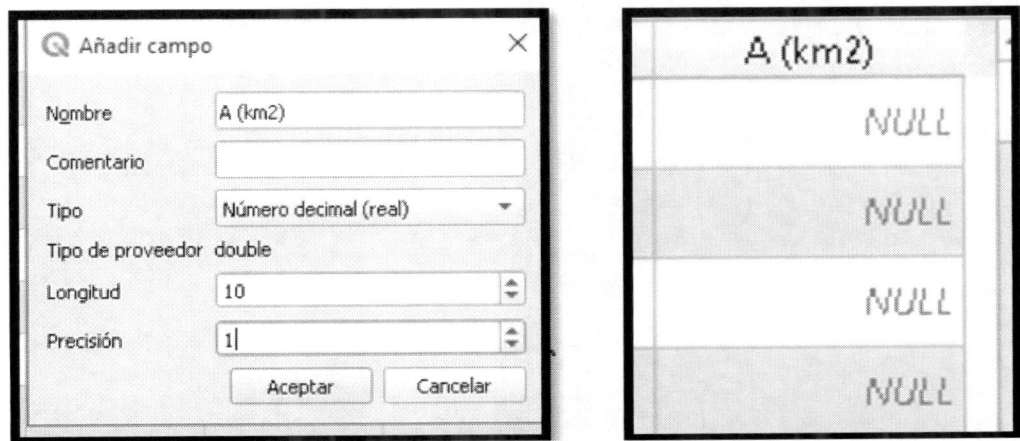

Figura 4.12: Modificación de atributos, ejemplo de superficie.

En la imagen anterior vemos como se introducen los datos relativos al campo. Al aceptar se genera el nuevo campo sin valores en el cual ya podemos escribir el área si la conocemos o calcularla como veremos en los siguientes puntos. Para finalizar este punto, si deseamos borrar un campo ya creado o varios a la vez, se hace *click* sobre el símbolo ▓ y se seleccionan los que se desean eliminar. Tras aceptar, desaparecen de la tabla.

4.3 Calculadora de campos

Puesto que los SIG trabajan con objetos vectoriales, es posible conocer la magnitud de los mismos en cuanto a distancia, ángulos, áreas, etc. Para ello, QGIS contiene una *Calculadora de campos* (*CTRL + M*) que es una herramienta a la que podemos acceder desde la tabla de atributos de un *shapefile* y que nos permite realizar cálculos sobre los valores recogidos en los campos de la misma o los que son propios de una geometría. Al acceder a la calculadora nos aparece la siguiente ventana (ver Figura 4.13).

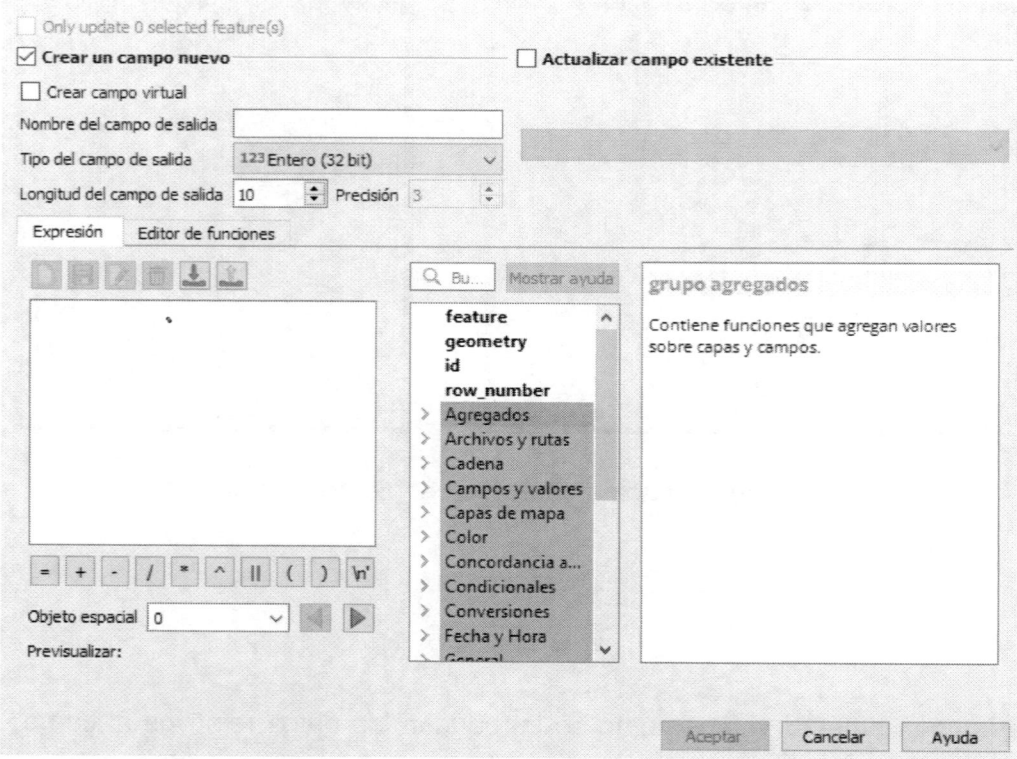

Figura 4.13: Ventana de la calculadora de campos.

En primer lugar, debemos indicar que deseamos hacer:

- **Actualizar los elementos seleccionados**, es decir, editar y corregir únicamente los registros de aquellas entidades seleccionadas.

- **Crear un campo nuevo**, donde introducimos nueva información alfanumérica sobre un campo que se creará por el usuario directamente desde la Ventana Calculadora de campos donde debemos indicar los mismos parámetros que si la creáramos desde fuera. Es frecuente cometer errores en este caso en cuanto a la relación del cálculo con el tipo de campo. Por ejemplo, si deseamos calcular el área de un polígono y seleccionamos tipo Texto el resultado será Null lo cual indica que no ha sido capaz de calcularlo.

- **Actualizar un campo existente**, el programa calculará los nuevos valores para el campo que seleccionemos en el desplegable.

4.3.1   Actualizar un campo existente

A continuación, es momento de indicarle el cálculo en la ventana de *Expresión*. Si nos fijamos, a la derecha nos salen una serie de funciones predefinidas donde algunos de los más utilizados son *Campos y valores, Condicionales, Conversiones y Geometria*. Recordemos que anteriormente habíamos creado un campo para conocer el área en km^2 de cada municipio. Para llegar a ello, el procedimiento, una vez está el campo creado seria tal y como se muestra en la Figura 4.14.

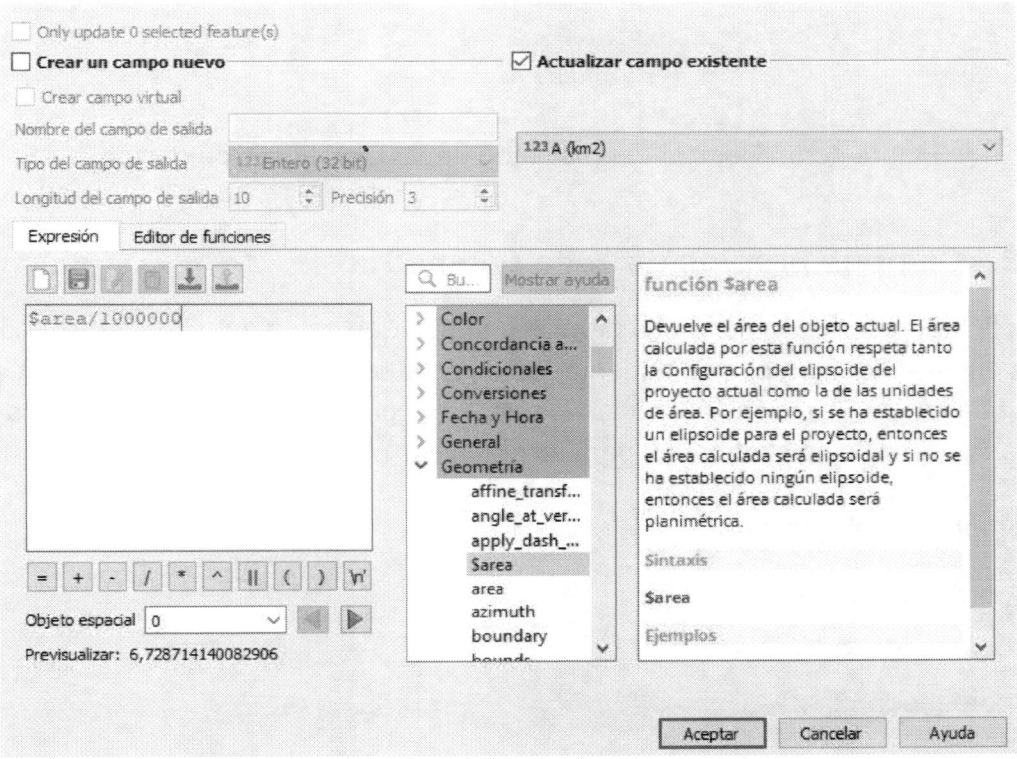

Figura 4.14: Ejemplo de calculadora de campos.

Indicamos que queremos actualizar el campo ya creado y ponemos la expresión $area/1000000 que nos devolverá el área en km^2.

4.3.2 Crear un campo nuevo

Ahora, con el resultado anterior y el nombre de municipio, vamos a crear un campo de tipo texto donde aparezca la siguiente información *Nombre Municipio−Area−km^2*. Para ello, debemos concatenar los campos ya creados en la tabla mediante el símbolo "||". Para concatenar bien los valores se deben conocer una serie reglas:

- Para hacer referencia a campos se usa la doble comilla ("Municipio").

- Para añadir texto que no está en la tabla se utiliza la comilla simple. ('km^2').

- La separación decimal en números se hace mediante punto (.).

Con todo esto, la expresión a introducir en la calculadora seria: "NAMEUNIT"|| '-' || "A (km2)"|| ' ' || 'km2'.

Dando como resultado la Figura 4.15.

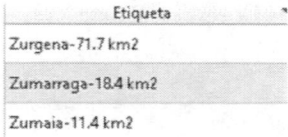

Figura 4.15: Ejemplo del resultado de la calculadora de campo.

4.3.3 Campos propios de cada geometría

Cada tipo de geometría tiene sus propios campos que solamente pueden ser calculados en ella. Por ejemplo, no podemos calcular la longitud de un punto ni el área de una línea. A continuación, se indican los atributos propios de cada una de ellas y la secuencia de cálculo a introducir para su obtención.

Geometría de tipo punto:

- Coordenada X: $x
- Coordenada Y: $y
- Coordenada Z: $z[1]

Geometría de línea:

- Longitud: $length

Geometría del polígono

- Área: $area
- Perímetro: $perimeter
- X centroide: $x(geometry)
- Y centroide: $y(geometry)

4.3.4 Condicionales

El uso de condicionales en la generación de nuevos campos en la tabla de atributos nos permite obtener diferentes resultados para cada condición impuesta. Existen

---

[1]QGIS solamente es capaz de calcular la cota de un punto si este punto está configurado como geometría en tres dimensiones (PointZ).

varias opciones dentro de QGIS, pero una de las más empleadas y que nos ofrece gran flexibilidad de introducción de datos es la función *CASE*. Esta evalúa una sentencia condicional y en caso de cumplirse la condición nos devuelve el resultado especificado. La expresión tiene el siguiente esquema:

```
CASE
WHEN condición_1 THEN resultado_1
WHEN condición_2 THEN resultado_2
...
END
```

Ejemplo: Continuando con la capa de municipios, una vez calculado anteriormente el área, podemos añadir un nuevo atributo que nos distinga el municipio en función de su área entre *Grande y Pequeño*. Para ello, insertaremos la siguiente expresión:

```
CASE
WHEN "A (km2)"<50 THEN 'Pequeño'
WHEN "A (km2)">=50 THEN 'Grande'
END
```

4.3.5 Conversiones

En ocasiones, es frecuente que los datos que obtengamos no tengan el formato adecuado para poder trabajar con ellos. Es por ello, que QGIS ofrece una serie de conversiones que permiten mantener el valor de los datos y cambiar su formato. Los más utilizados son:

- `To_string`: convierte un campo de tipo número en un campo de tipo texto.

- `To_real`: convierte un campo de tipo texto en un campo de número entero.

Capítulo 5

Selección de elementos vectoriales y búsquedas

Para trabajar con objetos vectoriales, es esencial conocer las herramientas que ofrecen los softwares SIG para la selección y búsqueda de los objetos por distintas formas o criterios. De este modo, sobre una capa vectorial se pueden seleccionar solamente aquellos objetos con los que se quieren trabajar dejando de lado los que no son de interés en la ejecución de los algoritmos. En la barra de herramientas superior, se encuentra el símbolo de selección ▣ y el de búsqueda ▤.

5.1   Seleccionar objetos espaciales manualmente

Sobre una capa, la cual debemos tener seleccionada, se pueden seleccionar los objetos de forma manual clicando sobre ▣ y posteriormente sobre los objetos. Para acumular objetos seleccionados manualmente, se debe mantener pulsada la tecla *SHIFT* del mismo modo que para deseleccionar sobre una selección. Los elementos seleccionados se resaltan (*color por defecto*) tal y como se muestra en la Figura 5.1.

Figura 5.1: Resaltado de elementos acumulados.

5.2   Seleccionar objetos por polígono

Del mismo modo, se pueden seleccionar objetos mediante un polígono que trazamos sobre el lienzo. Los objetos seleccionados son aquellos que intersectan o contienen al polígono trazado (ver Figura 5.2).

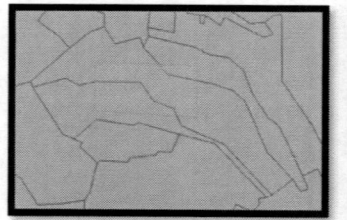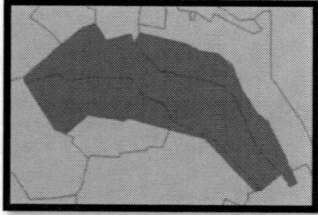

Figura 5.2: Selección de objetos por polígono.

5.3   Seleccionar objetos por radio

Tomando un punto base o de referencia, se pueden seleccionar objetos en un radio desde ese punto. Para ello, se marca el punto de referencia y se introduce numéricamente el radio.

5.4   Búsqueda por valor

Si sobre una capa *shape* conocemos el valor (tipo texto o numérico) de uno o varios objetos y deseamos seleccionarlos, tras pinchar sobre el icono ▣ aparecerá una ventana donde se muestran todos los campos existentes en su tabla de atributos. Para la búsqueda, introduciremos el valor en el campo deseado y procederemos a su selección. Por ejemplo, sobre la capa de municipios de España, queremos seleccionar todos los correspondientes a la provincia de València.

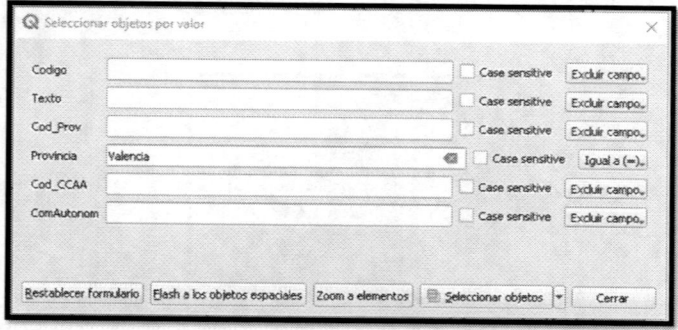

Figura 5.3: Ejemplo de selección de objetos por valor.

Tras pulsar en *Seleccionar objetos y Zoom* a elementos el lienzo se encuadra sobre la selección (ver Figura 5.4).

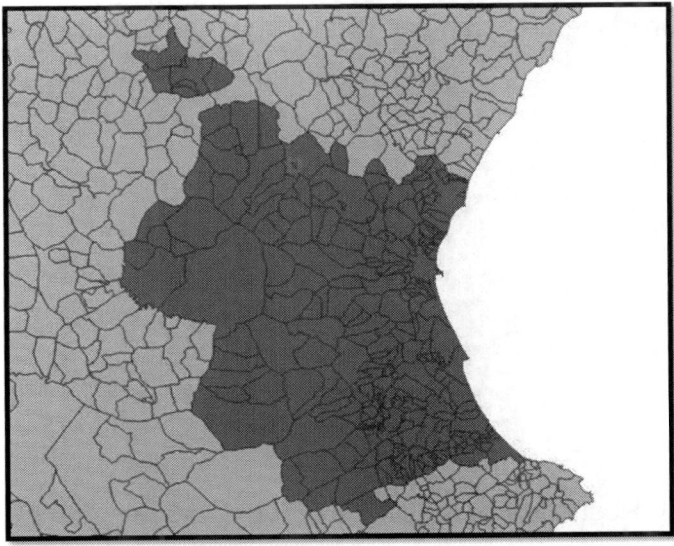

Figura 5.4: Lienzo de la selección de objetos por valor.

5.5   Seleccionar objetos por expresión

Mediante esta función podemos seleccionar los objetos estableciendo una o varias condiciones para ello. Accedemos a la selección mediante el botón ⛓ donde se abre la ventana sobre la que escribir la expresión de selección. A modo de ejemplo explicativo, nuevamente sobre la capa municipios de España, vamos a seleccionar todos aquellos objetos que tengan un área mayor a 500 km^2 en la provincia de Valencia. De este modo, la expresión a introducir se muestra en la Figura 5.5.

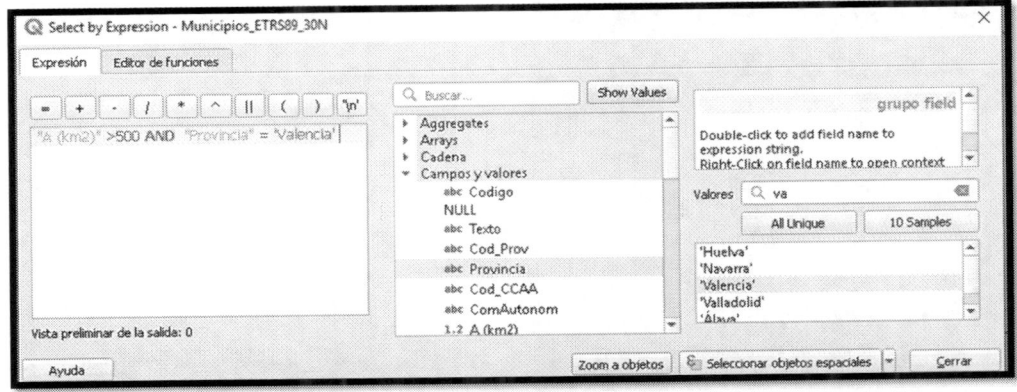

Figura 5.5: Selección de objetos mediante expresión.

No es necesario escribir el nombre de los campos puesto que lo podemos obtener clicando sobre *campos y valores*. También se dispone de todos los símbolos matemáticos en el apartado Operadores. Finalmente, la selección obtenida (ver Figura 5.6) corresponde únicamente al municipio de Requena (València).

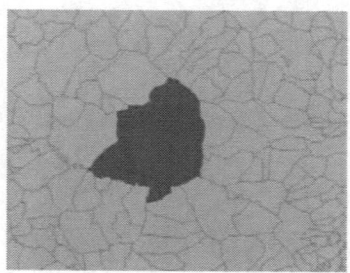

Figura 5.6: Resultado de selección de objetos mediante expresión.

Del mismo modo, si en lugar del operador citado utilizamos or los objetos seleccionados cumplirán una u otra condición. El resultado en este caso sería muy diferente, pues se seleccionaría cualquier municipio de España con A > 500 km^2 y además, todos los de la provincia de València.

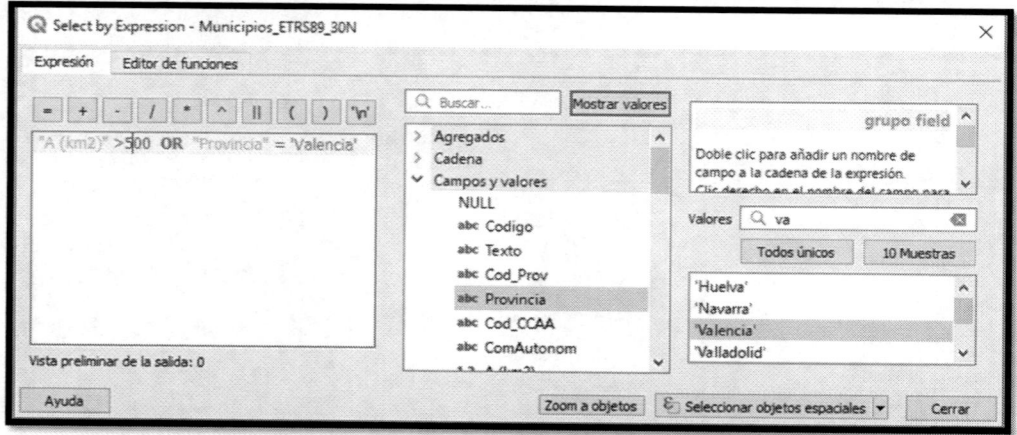

Figura 5.7: Selección de objetos mediante expresión condicional.

Figura 5.8: Resultado de selección de objetos mediante expresión condicional.

Capítulo 6

Geoprocesos

El geoprocesamiento en SIG consiste en una serie de análisis basados en el procesamiento de la información geográfica disponible. Este módulo brinda un conjunto de herramientas y un mecanismo que permite la combinación de las mismas en una secuencia de operaciones mediante modelos. El conjunto de procedimientos que se engloban en **geoprocesamiento** están destinados a establecer relaciones y análisis entre dos o más capas (*shapefile* comúnmente conocidas) independientemente de su naturaleza. Por lo general, estos procesos, se realizan mediante el análisis de dos capas, aunque en algún caso es posible operar con una sola o con más de dos a la vez.

Las herramientas de **geoprocesamiento** pueden realizar pequeñas operaciones, pero fundamentales en los *datos geográficos*, tales como extraer o superponer datos, reproyectar una capa, añadir campos a una tabla y calcular sus valores, establecer rutas óptimas, entre otras. Las herramientas a analizar están al alcance de cualquier usuario de un SIG, ya se encuentre en un nivel inicial o profesional, el **geoprocesamiento** es parte esencial en el trabajo diario en nuestro campo.

6.1 Buffer (zona de influencia)

Se trata de una herramienta sencilla que se enmarca dentro del grupo de herramientas que establecen análisis de proximidad. También es conocida como zona de influencia y se trata de una de las herramientas mas comunes y utilizadas en los SIG, ya que permiten obtener nueva información para determinar, por ejemplo, qué elementos geográficos se encuentran dentro de un área de influencia determinada. Para acceder a la herramienta procedemos con *Vectorial - Herramientas de geoprocesos - Buffer*.

Ejemplo: se desea obtener el área correspondiente a la zona de Policía del Rio Serpis. La información de partida es la capa de tipo línea de los Ríos de C.H.J. y se sabe que la zona de Policía son 100 m a cada lado desde el mismo. En primer lugar, sobre la capa de tipo línea donde se encuentran los ríos, realizaremos una búsqueda «*seleccionando objetos por expresión*» donde introduciremos la siguiente sintaxis:

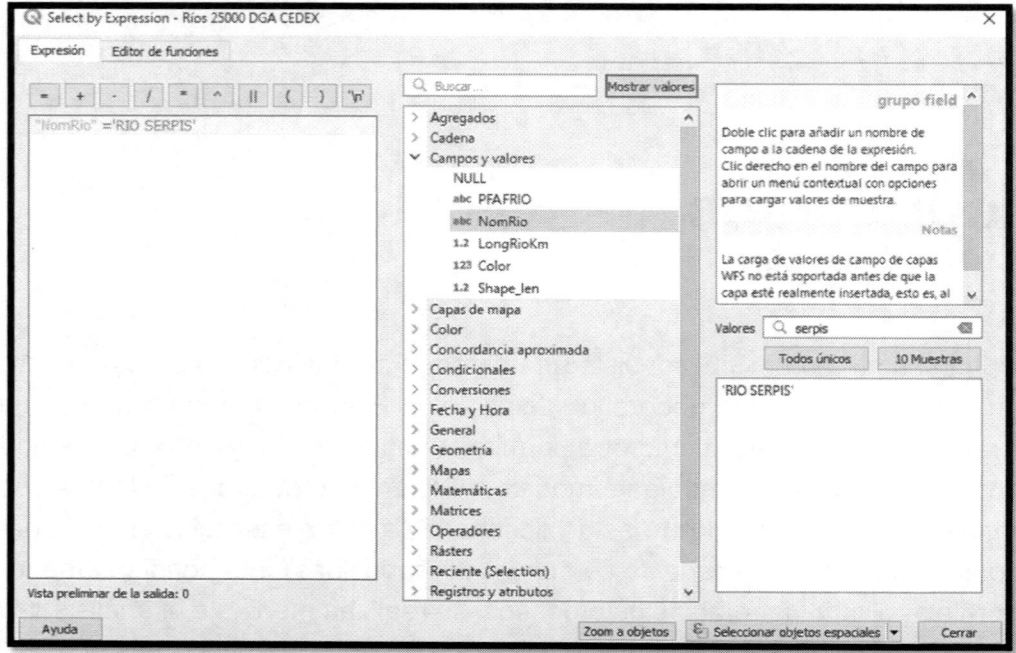

Figura 6.1: Selección de objetos espaciales.

Haciendo *click* abajo en «*Seleccionar objetos espaciales*» se seleccionará el único que tiene dicho nombre y se nos mostrará en el lienzo del siguiente modo:

Figura 6.2: Resultado de la selección de objeto espacial.

Conocido y localizado el cauce, es el momento de procesar su área de influencia. Para ello, accedemos a *Vectorial - herramientas de geoproceso - buffer*, donde aparece la siguiente ventana (ver Figura 6.3).

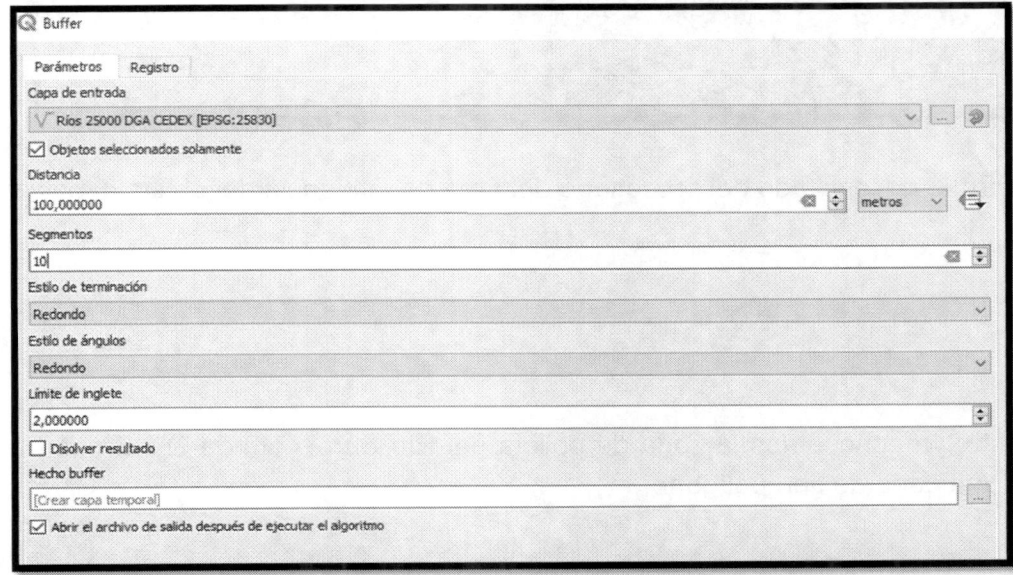

Figura 6.3: Procesado del área de influencia del objeto espacial.

Se selecciona la capa con los ríos y se activa la opción de «*Objetos seleccionados solamemente*»[1]. La distancia se introduce en las unidades deseadas (por defecto en metros si se trabaja en UTM). El parámetro segmentos indica el número de segmentos a utilizar para un cuarto de círculo en los tramos redondeados (valores de 5-10 son suficientes). Los demás parámetros únicamente influyen en el estilo de terminación de los tramos redondeados. Ejecutamos y obtenemos el siguiente resultado (ver Figura 6.4).

---

[1] De lo contrario, llevará el proceso a la totalidad de los elementos lo cual ralentiza el cálculo y puede tardar varios minutos incluso horas en función del número de elementos y la precisión del cálculo.

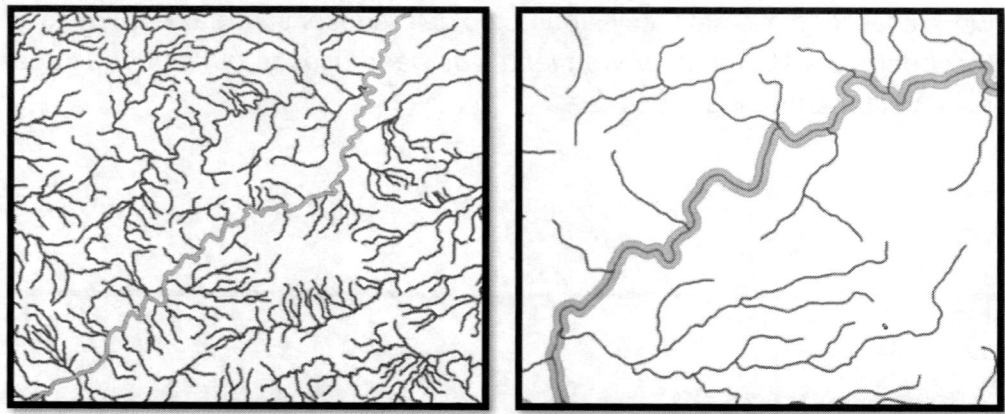

Figura 6.4: Resultado del procesado del área de influencia del objeto espacial.

Con esto, ya conocemos la zona de policía del Rio Serpis donde QGIS nos ha devuelto una capa de tipo polígono.

6.2 Cortar (*Clip*)

Esta herramienta es utilizada para conocer los elementos geográficos (de cualquier geometría) que se encuentran dentro de unos límites que establecemos mediante una capa poligonal de corte. Por tanto, se necesita una capa sobre la que cortar y otra con la geometría del corte. Para acceder a la herramienta procedemos con *vectorial - Herramientas de geoprocesos - Cortar*.

Ejemplo: Continuando con el ejercicio anterior, se desea obtener la zona de policía del Río Serpis a su paso por el Término Municipal de Villalonga (València). En primer lugar, sobre la capa de Municipios, deberemos localizar (mediante expresión, por ejemplo) el municipio de Villalonga.

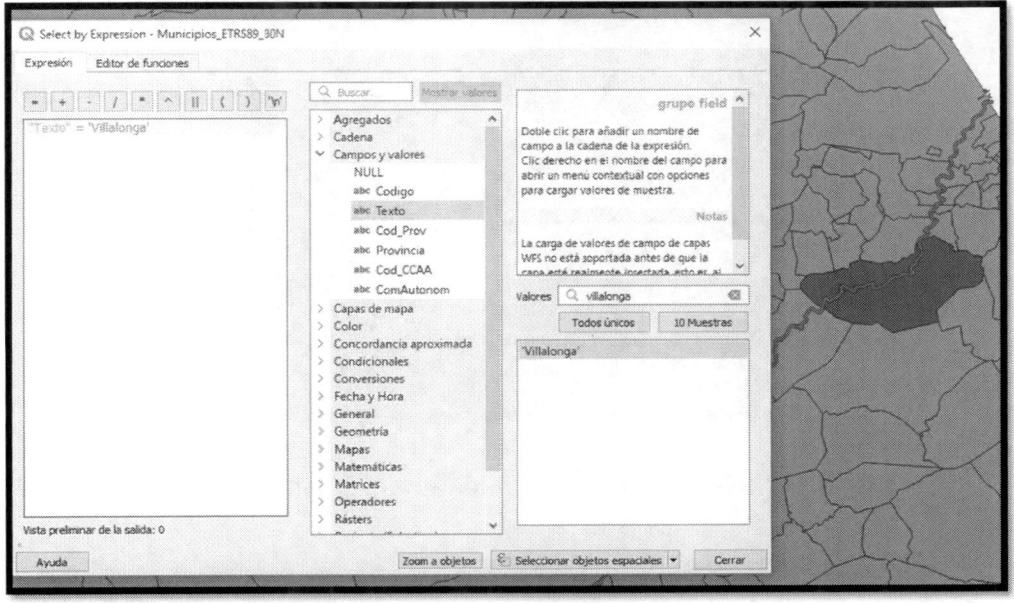

Figura 6.5: Localización mediante expresión de un municipio.

En la imagen vemos como se resalta el polígono correspondiente al municipio por el cual transcurre el Río Serpis. Ahora, con el municipio seleccionado (capa de corte) y la zona policía del Rio Serpis (capa a cortar) procederemos al corte.

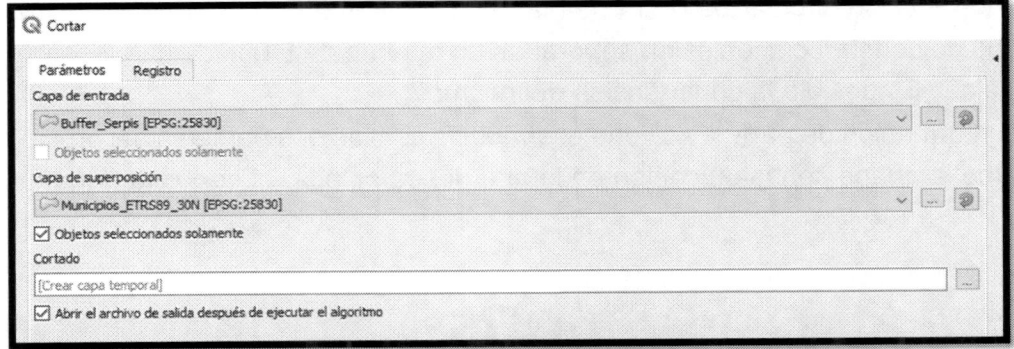

Figura 6.6: Herramienta de corte.

Tras ejecutar, se obtiene una capa de tipo polígono con únicamente con el tramo del Río Serpis que transcurre por el Término Municipal de Villalonga.

Figura 6.7: Resultado del uso de la herramienta de corte.

6.3 Disolver

Este geoproceso nos permite agregar los elementos de una capa que comparten un mismo valor en un campo determinado de la tabla de atributos, dando lugar a una nueva capa resultado de dicha agregación. Esta operación nos permite simplificar los elementos geográficos de la capa de entrada como los registros de su tabla de atributos, unificando elementos que presentan la misma propiedad. El algoritmo acepta cualquier tipo de geometría. Para acceder a la herramienta procedemos con *Vectorial - Herramientas de geoprocesos - Disolver*.

Ejemplo: El propietario de dos parcelas quiere llevar a cabo la construcción de un depósito metálico circular de 65 m de diámetro. Sabiendo que el PGOU[2] exige que este tipo de construcciones estén separadas un mínimo de 6.0 m de caminos y lindes a parcela. ¿Es posible la construcción del mismo?

Como información de partida se tiene el *shapefile* con las dos parcelas del propietario, así como la *shape* con la ubicación en la que desea colocar el depósito (Figura 6.8).

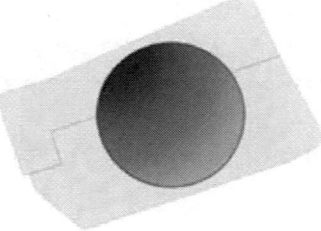

Figura 6.8: Ejemplo de ubicación del depósito entre dos parcelas en shape.

---

[2]PGOU: Plan General de Ordenación Urbana.

Para proceder a conocer los retranqueos[3] podemos utilizar la función ya explicada anteriormente de "*desplazar curva*" . Pero como tenemos dos parcelas, tendríamos que trazar una por una y el resultado no sería el correcto puesto que se solaparían. Mediante la función disolver, podemos obtener un único polígono de las dos parcelas. Para ello, accedemos mediante *Vectorial - herramientas de geoprocesos - disolver*, donde aparece la siguiente ventana (ver Figura 6.9).

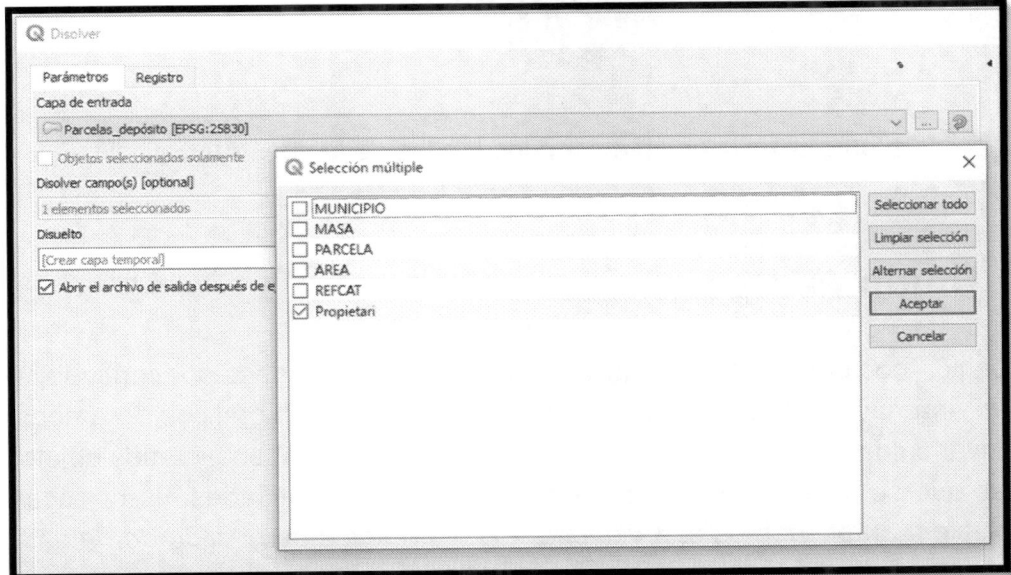

Figura 6.9: Configuración de la herramienta disolver.

En este caso, el atributo que es igual a cada una de las parcelas es que las dos pertenecen al "Prop.1". Tras ejecutar se obtiene el siguiente resultado (Figura 6.10).

Figura 6.10: Resultado de ejecución de herramienta disolver.

Ahora que únicamente tenemos un polígono de las dos parcelas, ya es posible conocer el límite máximo de construcción mediante "*desplazar curva*" . Tras ello, obte-

---

[3]Retranqueo: ubicación de una construcción respecto a una línea trazada, en este caso el límite de la parcela.

nemos el polígono de los retranqueos y vemos como el depósito sobresale por los lados, por tanto, no sería posible la instalación de un depósito de tal diámetro.

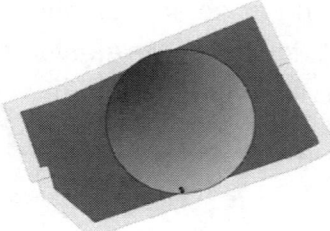

Figura 6.11: Resultado con los límites de la construcción.

6.4 Unión *(Merge)*

Esta función nos permite obtener la yuxtaposición de dos capas por contigüidad generando una nueva capa que comprende los elementos geográficos de ambas. Se debe llevar cuidado al utilizar esta herramienta puesto que si empleamos objetos espaciales que se solapan obtendremos solapamiento de entidades. Para acceder a la herramienta procedemos con *vectorial - Herramientas de gestión de datos - Unir capas vectoriales*.

Ejemplo: continuando con el ejemplo anterior, tras nos ser posible la construcción del depósito, el propietario decide comprar la parcela anexa situada al sur de las anteriores. Se desea obtener una única capa con las 3 parcelas resultantes. Como datos de partida se tienen las parcelas del ejercicio anterior (Parcelas_depósito) y la nueva parcela (Parcela_comprada).

Figura 6.12: Ejemplo de las parcelas en propiedad y la nueva adjunta.

Ejecutando la función *Unión* se obtiene la siguiente ventana:

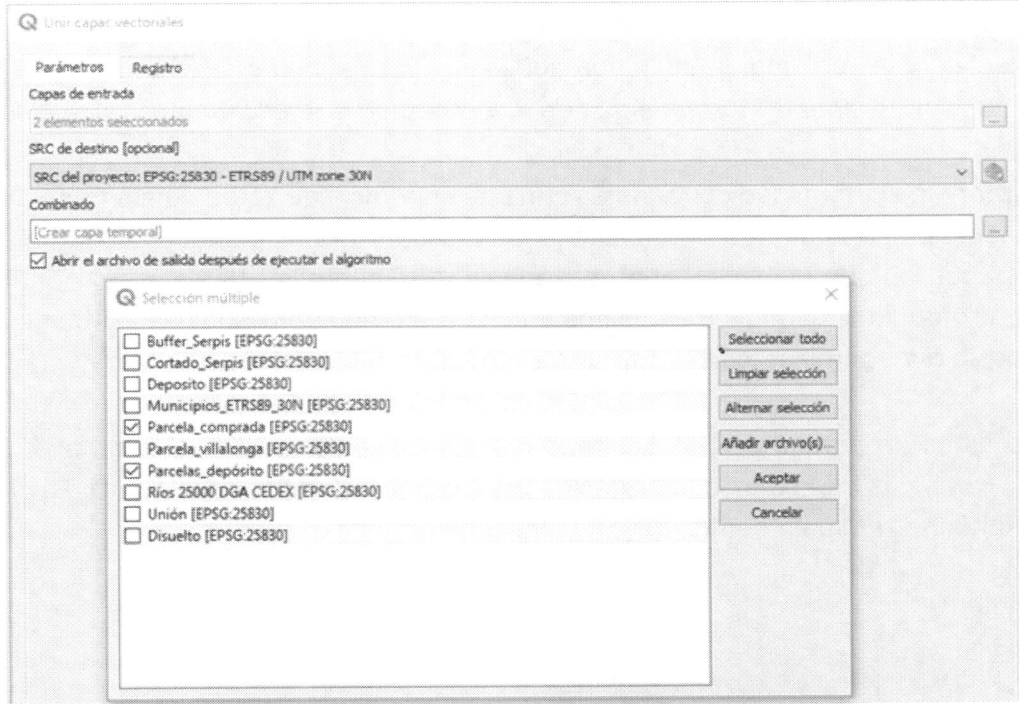

Figura 6.13: Ventana de unión de capas vectoriales.

Le debemos de indicar a QGIS que capas son las que se van a juntar. Como resultado se obtiene el siguiente y con ello ya tenemos en una misma capa todas las parcelas que ahora pertenecen al propietario.

Figura 6.14: Resultado de unión entre capas vectoriales.

6.5 Selección por localización

A la hora de realizar un análisis territorial, se hace imprescindible la selección por localización en cualquier SIG. Esta herramienta crea una selección sobre una capa vectorial. El criterio para seleccionar los objetos se basa en la relación espacial entre cada objeto y los objetos de una capa adicional. Para acceder a la herramienta procedemos con *vectorial - Herramientas de investigación - Seleccionar por localización.*

Ejemplo: Una comunidad de regantes con una superficie de 76 ha quiere transformar su sistema de riego de tradicional a riego localizado. Para ello, puede acogerse a las ayudas públicas de la Conselleria de Agricultura (Generalitat Valenciana) donde se subvencionan todos aquellos proyectos que se ejecuten sobre Suelo No Urbanizable. ¿Es posible modernizar toda la superficie mediante subvenciones?

Como datos de partida se tiene la capa de parcelario de la superficie regable (Regable_Real) y la capa con la información urbanística del municipio (PGOU_Real). Al ejecutar la herramienta se nos abre la siguiente ventana:

Figura 6.15: Herramienta de selección por localización.

En este caso, para llegar al resultado nos vale tanto conocer la superficie sobre suelo urbanizable (Inconexo) como la de suelo no urbanizable (Intersectan) puesto que son complementarias. Si ejecutamos mediante inconexo el resultado es el siguiente:

Figura 6.16: Resultado de la herramienta de selección por localización.

Donde un total 98 parcelas (9.69 ha) quedarían fuera de la subvención por pertenecer a suelo urbanizable. Si quisiéramos crear una capa de dicha selección iríamos a *Edición - Pegar objetos espaciales como - Nueva capa vectorial*.

Capítulo 7

Simbología

La simbología de una capa es la apariencia que adquiere sobre el lienzo. Mediante los SIG se puede obtener una representación visual de los datos con los que se está trabajando. Una configuración adecuada de la simbología de las capas permite obtener planos de alta calidad y sus leyendas. En este capítulo se revisarán las opciones que ofrece QGIS para la simbología de capas y de qué forma se representa sobre el lienzo para su posterior exportación en planos.

7.1   Simbología de capas

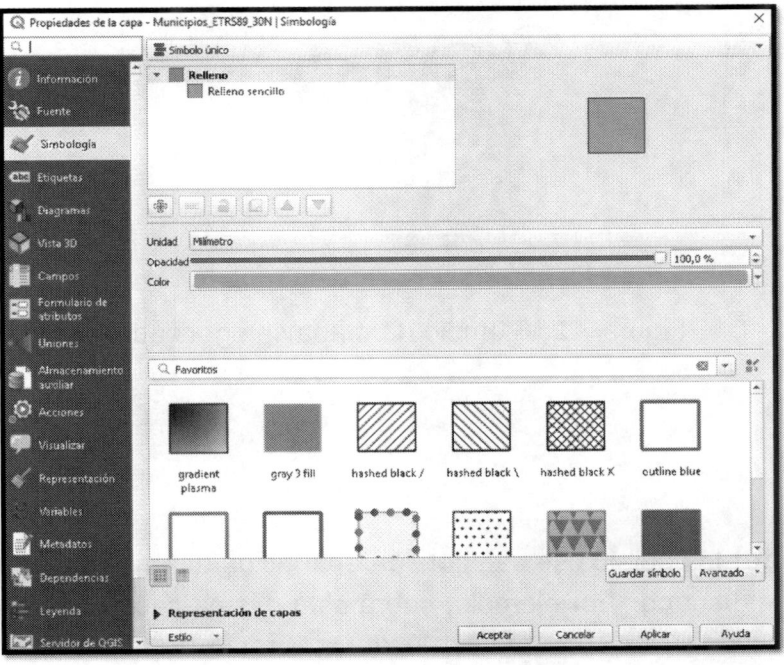

Figura 7.1: Menú principal de simbología.

Para acceder a la simbología de una capa, hacemos *click* derecho sobre la misma en el panel de capas y pulsamos en el desplegable sobre *Propiedades - Simbologia*. En este caso, vamos a llevar a cabo la explicación sobre una capa de tipo polígono, pero se puede extrapolar a las otras dos simbologías.

En primer lugar, debemos seleccionar el tipo de símbolo en la parte superior donde por defecto aparece la opción de símbolo único. Las distintas opciones que presenta son las siguientes:

- **Símbolo único:** todos los objetos de la capa adquieren la misma simbología.

- **Categorizado:** la simbología de los objetos varía en función de los atributos que adquiere sobre el campo seleccionado. Por ejemplo, si sobre la capa de municipios de España planteamos un símbolo categorizado por el atributo comunidad autónoma, se obtendrá el siguiente resultado:

Figura 7.2: Ejemplo de mapa categorizado.

- **Graduado:** los objetos se categorizan en función de unos intervalos predefinidos por el usuario. Por ejemplo, sobre esta misma capa podemos diferenciar entre los municipios con área <100 km^2 y el resto. Para este tipo de categorizado, se requiere que el campo seleccionado sea de tipo numérico (*integer* o *float*).

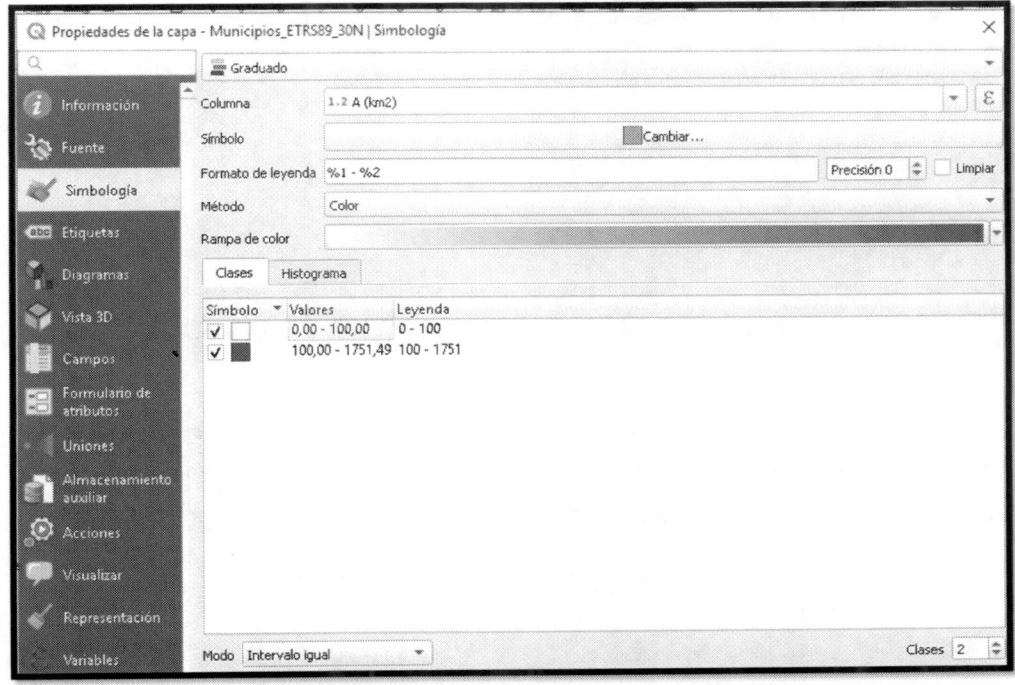

Figura 7.3: Categorización mediante graduado.

Tras ello se obtiene el siguiente resultado:

Figura 7.4: Resultado de la categorización mediante graduado.

- **Basada en reglas:** en este caso, se introduce una expresión con las condiciones deseadas a partir de los campos existentes en la tabla de atributos. Por ejemplo, deseamos que se diferencien los municipios con área mayor a 100 km^2 que pertenezcan a la provincia de Castelló (Comunitat Valenciana). Tras seleccionar la opción *basado en reglas* en el apartado *Regla* (donde pondrá por defecto "*sin filtro*") introducimos la expresión "Provincia"= 'Castellón' AND "A (km^2)">100. Podemos comprobar la validez de la misma pulsando sobre *Prueba*. El resultado es:

Figura 7.5: Resultado de la categorización mediante graduado.

Finalmente, tras decidir qué tipo de división se hace, el usuario debe en cada caso establecer los símbolos deseados para cada división pudiendo definir el color de relleno, tipo de relleno, color de línea de contorno, grosores, etc.

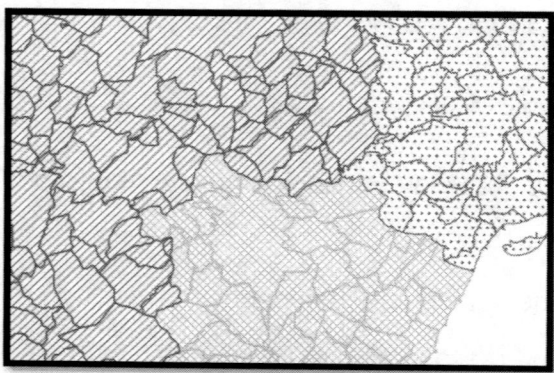

Figura 7.6: Resultado de la categorización basada en reglas

Capítulo 8

Etiquetado

Las etiquetas se pueden añadir a un mapa para mostrar información de cada uno de los objetos. Cualquier capa vectorial puede tener etiquetas asociadas a él. Esas etiquetas se obtienen en los datos de atributo de la propia capa para su contenido. En este punto vamos a tratar las distintas formas de etiquetado, así como la configuración gráfica de las etiquetas sobre el lienzo.

8.1   Tipos de etiquetado

Para acceder a la herramienta de etiquetado, hacemos *click* derecho sobre la capa deseada y pinchamos en *Propiedades - etiquetas*. En primer lugar, se debe seleccionar el tipo de etiquetado de las siguientes opciones:

- **Sin etiquetas:** si deseamos que no se muestre ninguna etiqueta.

- **Etiquetas sencillas:** para colocar sobre cada elemento el atributo correspondiente a un campo.

- **Etiquetas basadas en reglas:** es útil para colocar sobre cada elemento uno o varios atributos dispuestos en una cadena.

Obviando el primer caso, las **etiquetas sencillas** nos sirven para mostrar un atributo en concreto. Únicamente debemos seleccionar el campo en el que se encuentra y estás se mostrarán sobre el lienzo con la configuración por defecto que tiene QGIS.

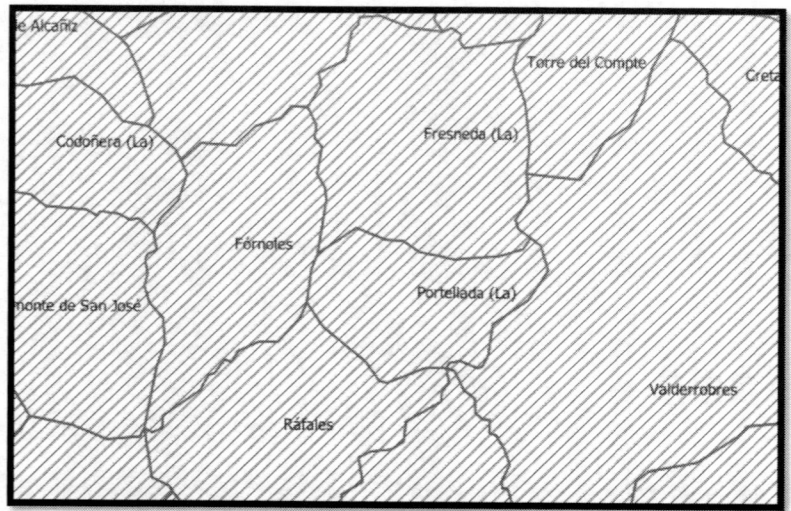

Figura 8.1: Ejemplo de etiquetado.

Si deseamos que en una misma etiqueta aparezcan diversos campos de la tabla de atributos, debemos utilizar el etiquetado **basado en reglas**. La regla a definir debe contener las condiciones deseadas filtrando así los objetos que se deben etiquetar. Por ejemplo, sobre la capa de municipios de España, únicamente queremos que se etiqueten aquellos con área superior a 500 km^2, por tanto, la *Regla* será:

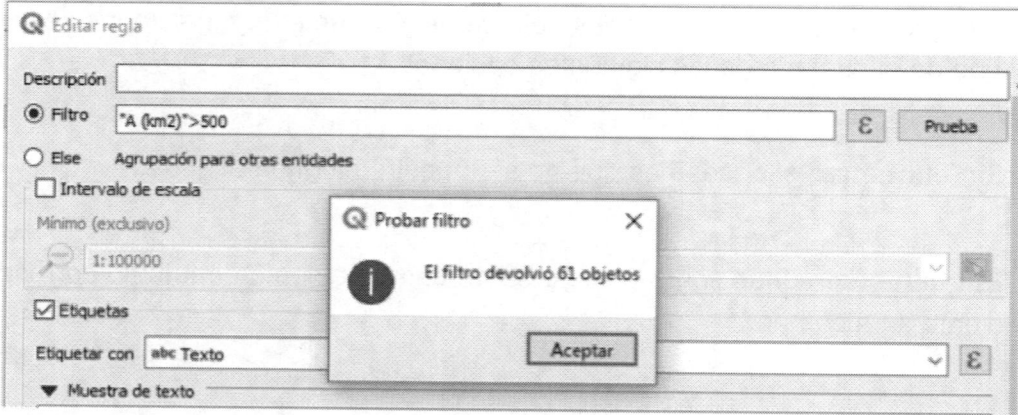

Figura 8.2: Menú de edición de reglas.

Tras aceptar, únicamente quedan etiquetados los 61 municipios que cumplen dicha condición:

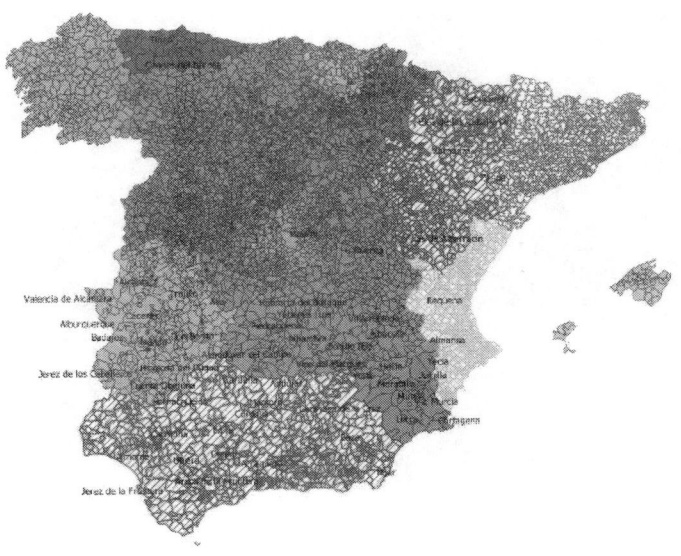

Figura 8.3: Resultados para las reglas establecidas.

8.2 Escalas de etiquetado

Cuando trabajamos sobre el lienzo con una cantidad importante de objetos, es posible que cuando estamos en escalas muy pequeñas, las etiquetas se mezclen y nos molesten en nuestro trabajo. Por ello, la herramienta de etiquetado tiene la opción de definir en que intervalo de escalas se deben de mostrar las etiquetas.

Siguiendo con el ejemplo anterior del etiquetado basado en reglas, una vez queda definida la regla, en las columnas siguientes (que por defecto están vacías) podemos introducir los valores de escalas para definir el intervalo:

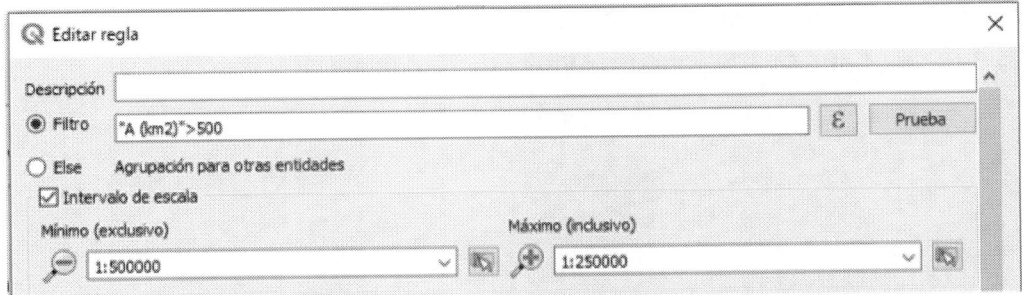

Figura 8.4: Edición de reglas con escalas de etiquetado.

Tras aceptar, probamos a ver el mapa en los tres intervalos definidos y los resultados son los siguientes:

Figura 8.5: Resultados de los mapas con los diferentes intervalos.

Vemos como enfocando en la misma zona a escala 1:500000 (izq) y 1:250000 (der) en la primera se observan mientras que en el límite superior del intervalo desaparecen.

8.3 Estilo de etiquetado

Finalmente, solamente nos queda por ver el estilo de la etiqueta. Dentro de las opciones que nos permite QGIS, es posible configurar los siguientes parámetros: textos, formateo, buffer, fondo, sombra, ubicación, representación. A continuación, vamos a realizar una descripción en detalle de los mismos.

8.3.1 Textos

En este apartado se nos permite elegir el tipo de letra, el estilo, tamaño, color, opacidad, etc. al hacer *click* sobre la opción *Textos* se abre la siguiente ventana:

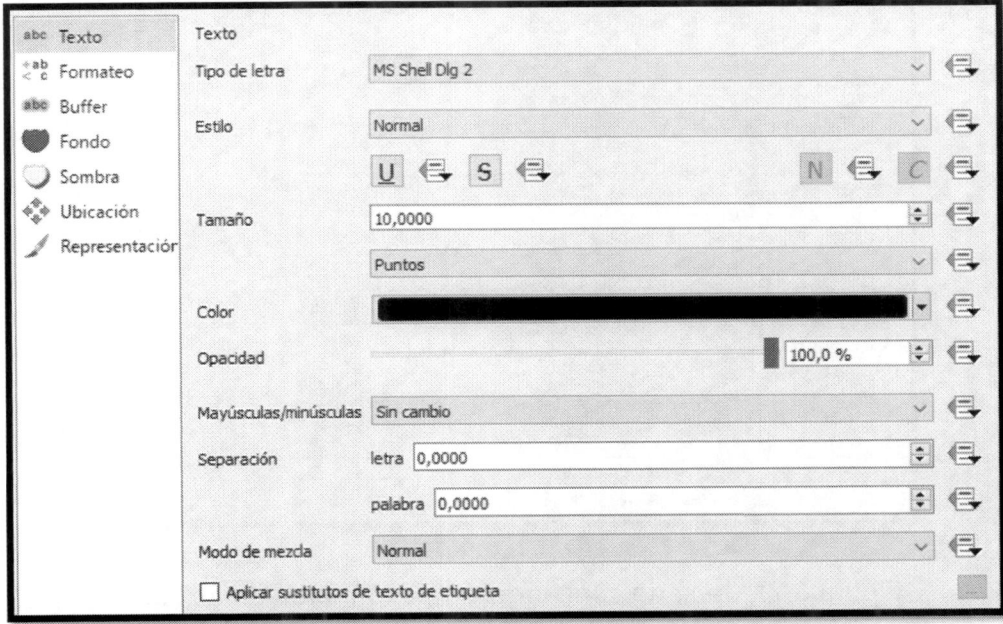

Figura 8.6: Menú de etiquetado de textos.

Tras elegir lo parámetros básicos del texto, se pueden configurar otra serie de parámetros como:

- Elegir si el texto se muestra en May/minúscula o con la primera letra mayúscula.

- La separación entre letras y palabras. El valor introducido irá en unidades del mapa relativo a la unidad de tamaño escogida.

- Se pueden aplicar excepciones de palabras para que solamente cambien en el etiquetado y no lo hagan en la tabla de atributos.

8.3.2 Formateo

En esta opción podemos configurar los textos para que aparezcan en diferentes líneas en función del número de caracteres deseados, así como seleccionar la distancia entre líneas de texto. También, en el caso de campos numéricos podemos elegir el número de lugares decimales que deseamos que se representen.

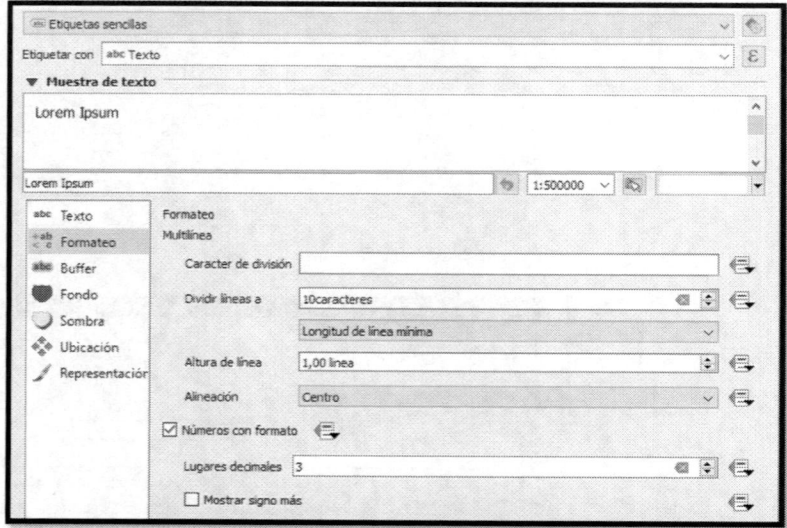

Figura 8.7: Menú de configuración de formateo de textos.

8.3.3 Buffer

Al texto básico se le puede añadir un buffer que rodea cada una de las letras pudiendo elegir su grosor, opacidad y acabados de las esquinas.

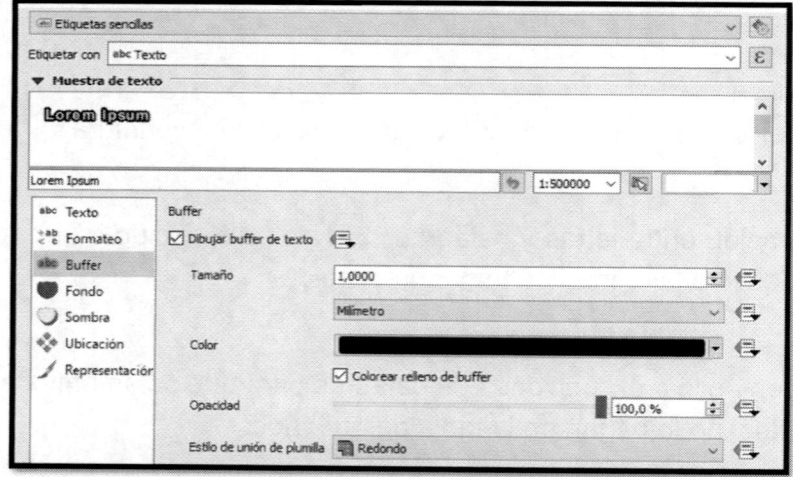

Figura 8.8: Menú de configuración del buffer del texto.

8.3.4 Fondo

Podemos también representar las etiquetas en el interior de objetos geométricos como rectángulos, círculos, etc. En la opción *Fondo* podemos elegir la forma a representar, el tamaño de la misma (*parámetros X e Y*) y su rotación, en grados. El parámetro desplazamiento indica cuanto se desplaza el objeto respecto del centro de este. Se introducen valores positivos para su desplazamiento hacia arriba y derecha y negativos para abajo e izquierda.

Figura 8.9: Ejemplo de texto editado con buffer y fondo.

En este ejemplo, hemos seleccionado una elipse con *buffer* de 1 mm, sin rotación y con desplazamiento (4,0) mm. En la parte inferior de la ventana, se seleccionan las opciones correspondientes al relleno de la geometría, color y dimensiones de la marca (*borde*).

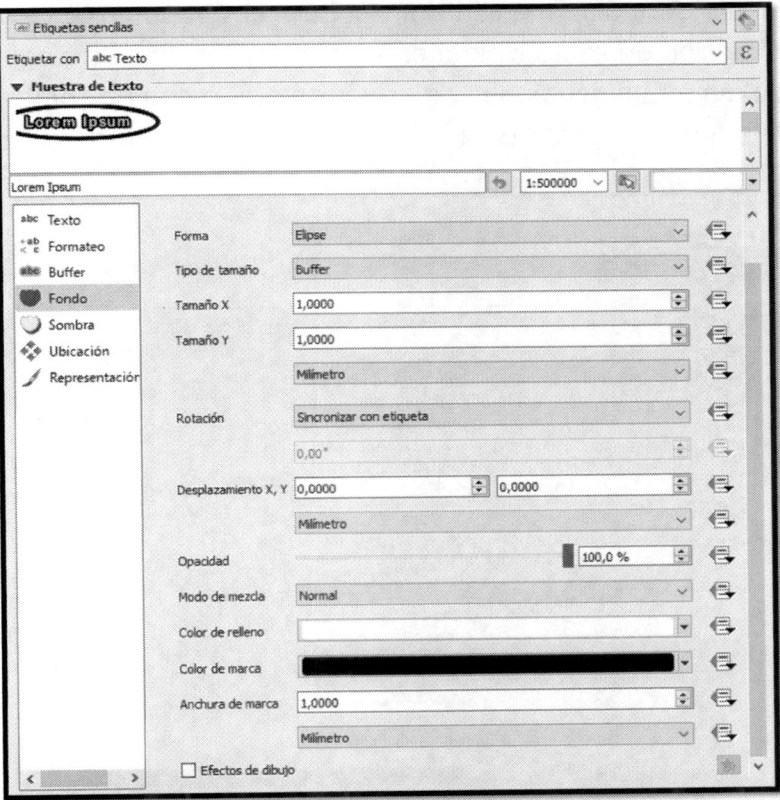

Figura 8.10: Ventana de configuración completa del buffer con fondo.

Tras aceptar, se obtiene el siguiente resultado (ver Figura 8.11).

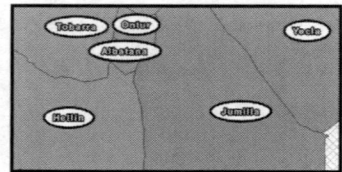

Figura 8.11: Resultado completo del mapa con texto.

8.3.5 Sombra

Podemos crear un efecto sombra de la etiqueta sobre el lienzo generando la sensación de profundidad sobre el plano. Al seleccionar la opción *Sombra* debemos activar la casilla «*Dibujar sombra exterior*» para poder configurar sus parámetros. La opción *Dibujar* debajo nos dice sobre que objeto queremos que se genere la sombra. Las opciones que nos da son *Texto, buffer o fondo*. Si queremos que se seleccione debajo del todo elegiremos la opción *Componente de etiqueta más bajo*.

El *Desplazamiento* se indica mediante un ángulo en grado sexagesimales. En el indicamos la dirección de sobra siendo el 0° el norte. Finalmente elegimos el grosor de la misma en mm. También podemos seleccionar el *grado de sombreo* que indica la distancia en la que se va degradando la sombra hasta desaparecer.

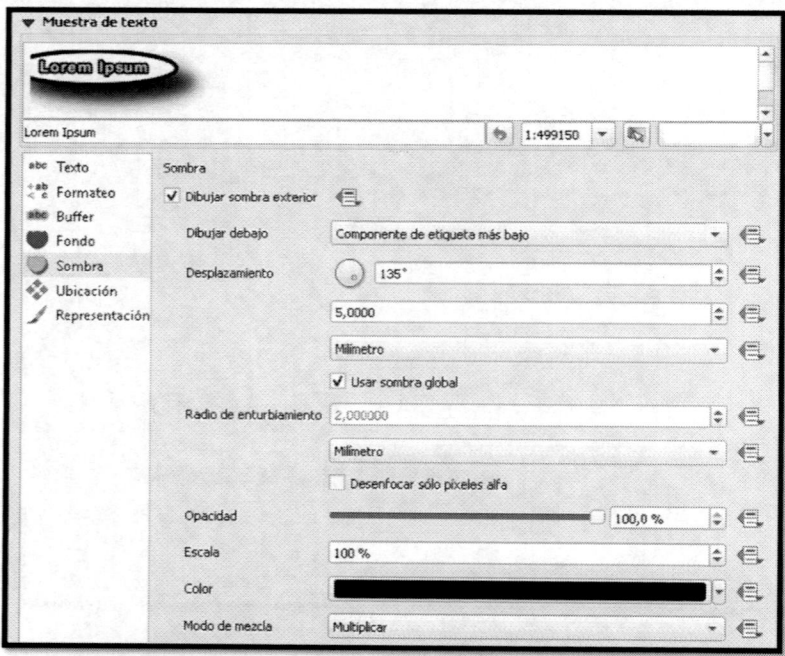

Figura 8.12: Menú de configuración de sombra de textos.

Siguiendo con el mismo ejemplo, el resultado que se obtiene al añadir el sombreado es el siguiente:

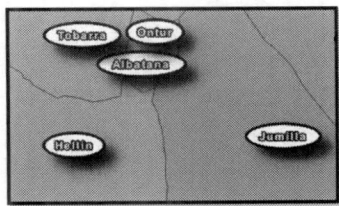

Figura 8.13: Resultado de la configuración de sombra de textos.

8.3.6 Ubicación

Esta opción de etiquetado es una de las más relevantes para obtener planos de calidad. Con ella vamos a configurar donde y como se va a situar la etiqueta sobre el objeto. Así como hasta el momento no ha sido preceptivo distinguir entre los distintos tipos de geometría (punto, línea y polígono) con la ubicación si lo es puesto que cada una tiene sus particularidades.

En el caso de los polígonos: se nos plantean las siguientes opciones.

- **Desplazamiento desde el centroide:** debemos elegir el valor a desplazar la etiqueta (x,y) desde el centroide del objeto. Más abajo seleccionamos la rotación si se desea. Se debe tener cuidado con los valores de desplazamiento introducidos ya que es posible que etiquetas de un objeto caigan sobre su colindante.

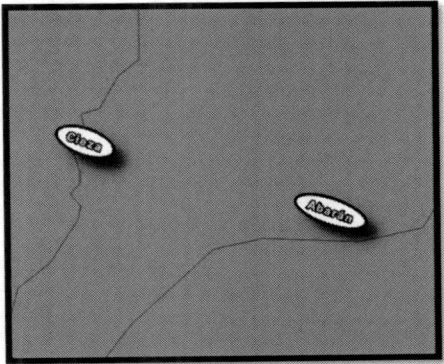

Figura 8.14: Resultado al desplazar el texto al centroide.

- **Alrededor de centroide:** en esta opción QGIS coloca la etiqueta en un punto aleatorio a la distancia indicada. Debemos forzar los puntos dentro del polígono para evitar solapes.

- **Usando perímetro:** con esta opción aprovechamos el perímetro del polígono para colocar le etiqueta sobre él. Se selecciona una distancia a la que colocarlo sobre la línea (sobre o debajo).

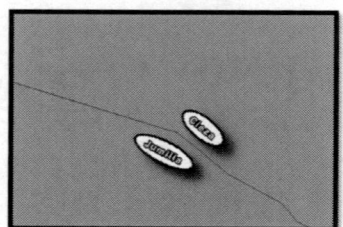

Figura 8.15: Resultado al desplazar el texto en el perímetro.

En el caso de las líneas: tenemos las siguientes opciones:

- **Paralelo:** el texto se representará paralelo al tramo de línea donde aparece. Podemos seleccionar que se ubique encima o debajo de la misma, indicar la distancia de separación y cuantificar la cantidad de veces que deseamos que se repita (interesante para líneas de gran longitud, por ejemplo en el etiquetado de carreteras o ríos).

- **Curvo:** la configuración es similar al anterior caso, pero con esta opción el texto toma la curvatura de la línea.

- **Horizontal:** idéntico al primer caso, donde el texto aparece en línea recta pero esta vez lo hará siempre en posición horizontal.

En el caso de los puntos:

- **Cartográfica:** usa emplazamientos cartográficos ideales, priorizando el emplazamiento de etiquetas con la mayor relación visual para el punto. El valor de la distancia se introduce en mm u otras unidades de la lista a seleccionar. En este caso se representan los puntos kilométricos de una Carretera con 3 mm de distancia sobre la geometría con desplazamiento *Desde punto*. Vemos la diferencia con *Desde el contorno de los símbolos* donde la etiqueta se aleja más del centro.

- **Alrededor del punto:** las etiquetas se colocan en un radio igual al valor introducido alrededor de la geometría. Opción similar a la anterior en el caso de hacerla *Desde punto*.

- **Desplazamiento desde punto:** Podemos elegir la ubicación exacta de las etiquetas introduciendo unos valores de desplazamiento en los ejes X e Y en los valores deseados. Podemos asignar también cierta rotación a la etiqueta sobre el punto base definido.

Aqui vemos la etiqueta situada en (3,-3) mm y con una rotación de 20°.

8.3.7 Representación

Esta última opción de etiquetado nos permite decidir que etiquetas se muestran en cada momento. Es decir, podemos condicionar el etiquetado de los elementos a la escala que tiene el mapa accionándose y desactivándose en cada caso. Estas opciones son iguales para los tres tipos de simbología estudiados.

La visibilidad de los elementos se puede condicionar a un intervalo de escala o a un tamaño de píxel. En la siguiente imagen, se muestra el nombre de los ríos de España condicionado a que aparezca entre escalas de 1:50.000 y 1:100.000.

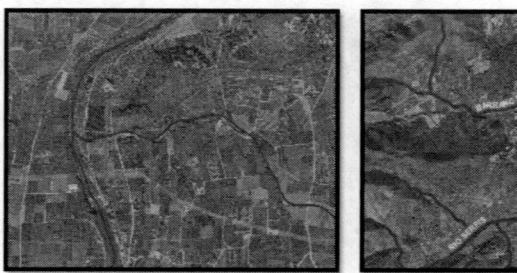

Figura 8.16: Ejemplo de representación en mapa.

En la Figura 8.16 izquierda, el mapa está a escala 1:20.000, por tanto, no se representan las etiquetas. Mientras, en la Figura 8.16 derecha el mapa está a escala 1:75.000 por lo que las etiquetas si aparecen sobre el lienzo.

Capítulo 9

Composiciones

Un mapa es la representación métrica y gráfica de una porción del territorio sobre una superficie bidimensional. Esta representación métrica permite realizar mediciones de distancias, ángulos o superficies sobre el mismo, resultado que puede relacionarse con las medidas realizadas en el mundo real. La representación gráfica permite representar la información de forma atractiva, atrayendo la atención del observador.

9.1 Creación de mapas

Los SIG permiten elaborar mapas de gran utilidad gracias a que permiten trabajar con datos posicionados en el espacio con referencia a un sistema de coordenadas planas o geográficas. En este punto vamos a mostrar cómo crear un mapa empleando el *Diseñador de impresión* de QGIS, incluyendo sobre el mismo todos los elementos que un mapa debe contener.

9.2 Diseñador de impresión

Para acceder al mismo seguiremos la ruta «*Proyecto - Administrador de composiciones*» donde se nos abrirá la siguiente ventana:

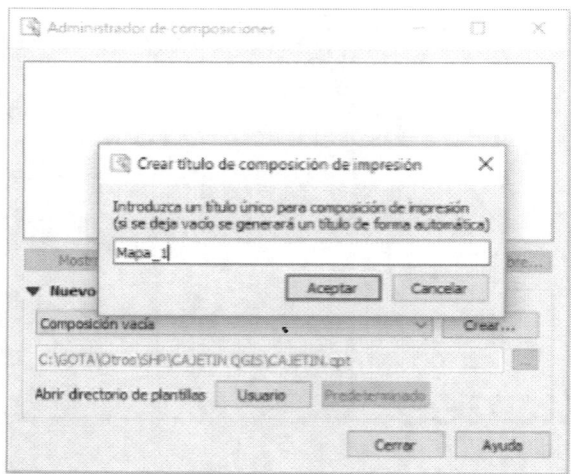

Figura 9.1: Menú principal del administrador de composiciones.

Esta ventana nos permite crear una composición desde cero o aprovechar una ya creada para hacer una copia con las mismas características. Debemos introducir un nombre para la nueva composición. Al crearla se nos abre una nueva ventana, donde se muestra una página en blanco con dos barras de herramientas principales (margen izquierdo y superior) y dos paneles (margen derecho).

La página que se abre por defecto (en la versión 3.4 y posteriores) es un A4 en posición horizontal. Para cambiar el tamaño de impresión se hace *click* derecho sobre el papel y en propiedades de la página, se configuran los parámetros deseados.

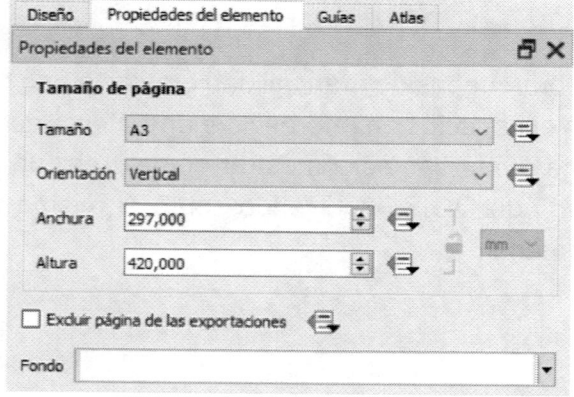

Figura 9.2: Edición de propiedades de página.

Por otro lado, una vez configurado el tamaño de impresión, explicamos la función de cada una de las barras de herramientas de las que se dispone. El **panel superior** contiene los siguientes elementos:

Figura 9.3: Panel superior de edición.

Desde el mismo podremos ordenar la creación de un nuevo diseñador, cargar diseños ya creados y exportar los mapas creados en diferentes formatos. En la barra derecha, los elementos que contiene los podemos dividir del siguiente modo:

- **Visualización:** desde ellos podremos alejar y acercar la vista del mapa, así como actualizar los cambios que se haya efectuado en el lienzo de trabajo.

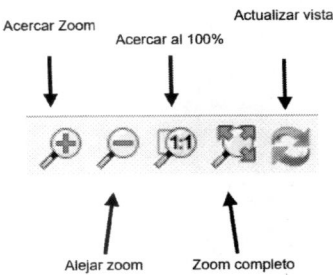

- **Diseño:** aquí aparecen los elementos más importantes para la edición de mapas, por lo que nos detendremos más en cada uno de ellos:

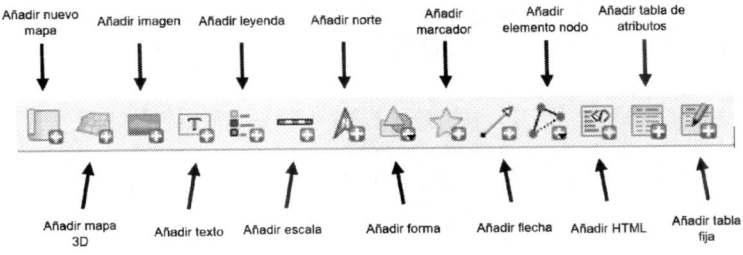

Para hacer más práctica la explicación de la exportación de mapas, se va a realizar mediante un ejemplo en el cual se desea obtener un plano de situación en tamaño A3 horizontal del municipio de Pedralba (València) en el cual aparecen 2 ventanas gráficas; una con la vista centrada en la provincia de Valencia a escala 1:1.000.000 y una última ventana con la vista del municipio a escala 1:250.000. Al mismo se deberá añadir un cajetín con el autor, el nombre del plano, escala numérica y el logo en formato imagen de la Universitat Politècnica de València. Tanto los tamaños de letra, de las ventanas, colores, grosores de línea, etcétera que se acompañan con el ejemplo quedan a criterio del diseñador.

9.2.1 Añadir mapa nuevo

Sobre el tamaño de impresión seleccionado, debemos añadir las ventanas que van a mostrar la representación del lienzo donde hemos trabajado con las capas. Al hacer *click* debemos seleccionar la extensión sobre el plano que va a ocupar cada ventana gráfica.

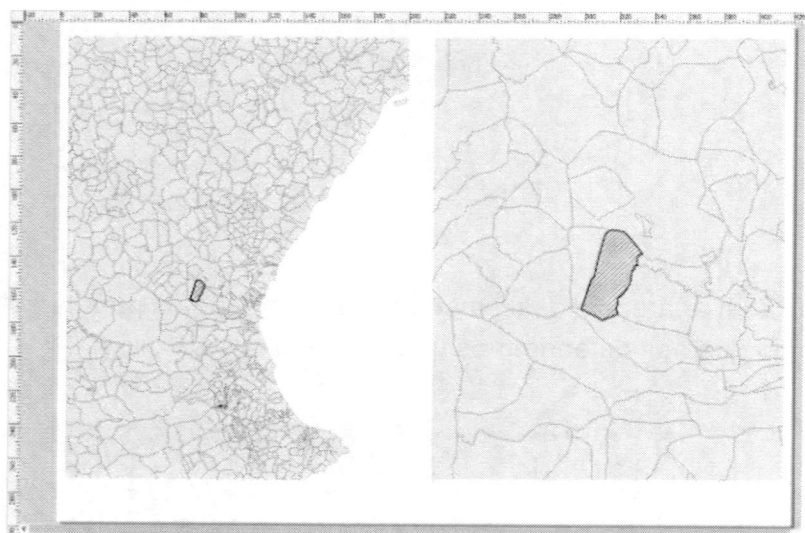

Figura 9.4: Selección de la extensión de plano.

Una vez representada sobre el papel, a la derecha de la pantalla se nos abre el cuadro de *Propiedades del elemento* donde podemos configurar el tamaño exacto de la ventana, su ubicación y escala y todos los parámetros estéticos que deseemos.

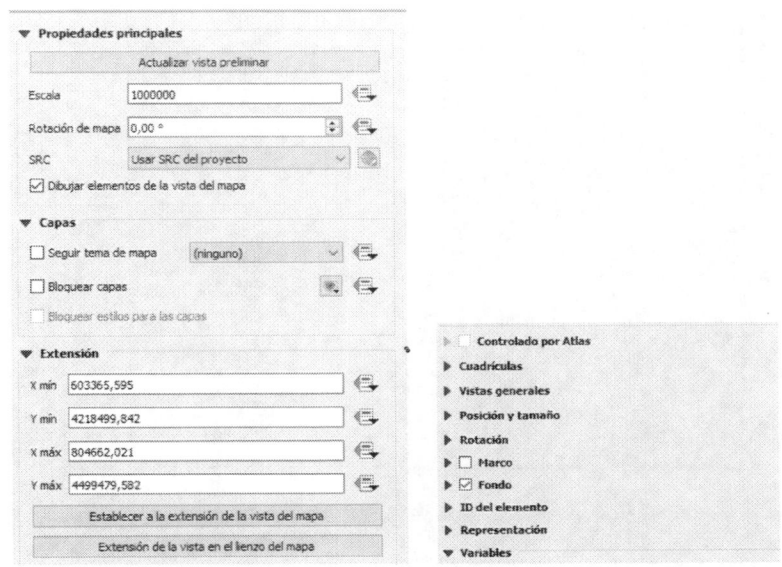

Figura 9.5: Edición de propiedades de elemento.

En primer lugar, introduciremos la escala numéricamente y la rotación si fuera necesario. Por otro lado, si deseamos que las propiedades del mapa no cambien respecto al lienzo tal y como se muestran en ese momento, activaremos la opción de *Bloquear capas*. Centrándonos en la parte estética de la ventana, y siguiendo el orden en el que aparecen las opciones, si deseamos establecer una cuadricula de coordenadas haremos *click* en *cuadrículas* y añadiremos una con el símbolo ▢. En las opciones que se nos ofrecen en *modificar cuadrícula* podemos elegir:

- **Tipo de cuadrícula:** desde una línea solida hasta marcadores con cruces, introduciendo la distancia de separación deseada en unidades reales o unidades de mapa.

En el caso del presente ejemplo, se selecciona una cuadricula de tipo *cruz* cada 50 km con un marco tipo cebra de 2 mm de anchura y anotaciones en horizontal y vertical sin decimales para la ventana de la izquierda.

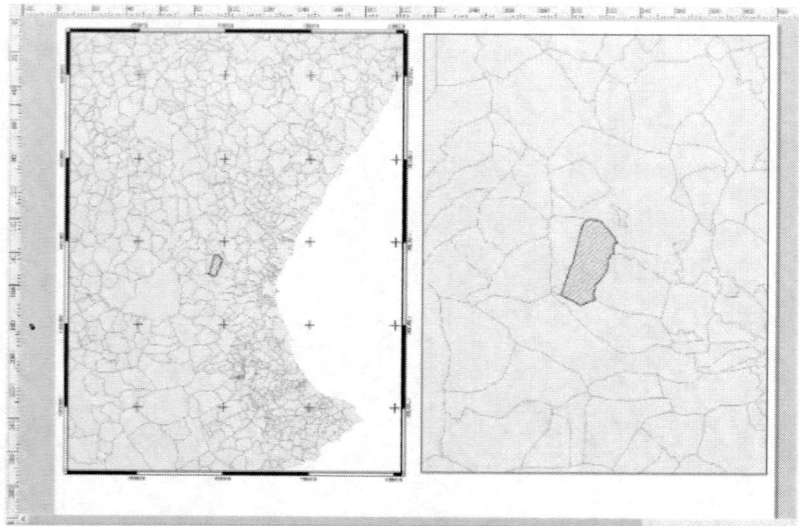

Figura 9.6: Mapa con cuadrícula tipo cruz.

- **Vistas Generales:** las vistas generales generadas sobre una ventana gráfica harán referencia a otra ventana existente que se seleccione. El objetivo de estas es representar sobre el plano la parte visible de la otra ventana gráfica.

En este caso, crearemos la *Vista general* sobre la ventana gráfica de la izquierda, hacienda referencia a la ventana derecho. Los valores introducidos en este caso han sido los siguientes:

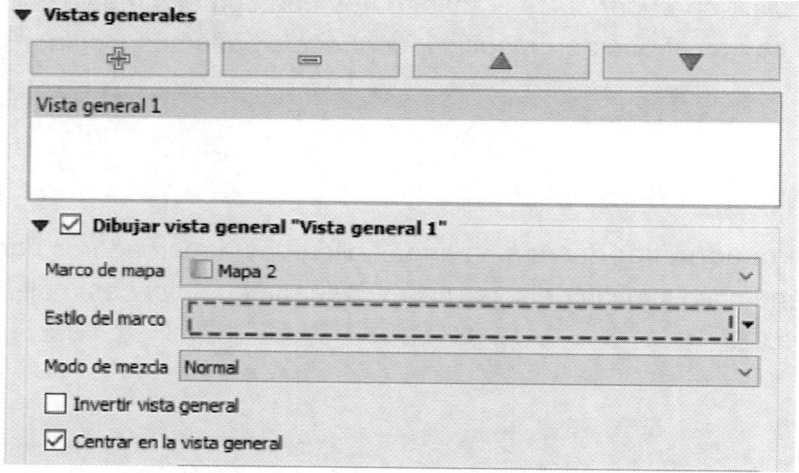

Figura 9.7: Menú de vistas generales del mapa.

Y el resultado obtenido tras este paso es:

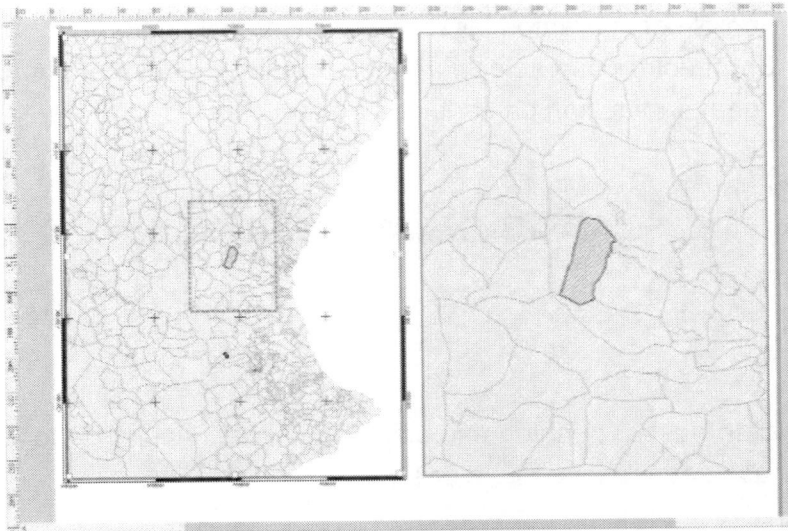

Figura 9.8: Resultado tras realizar el recuadro de la zona de interés.

La línea roja discontinua delimita la zona visible en la ventana gráfica de la derecha, permitiendo así una mejor situación del emplazamiento a escalas tan pequeñas.

- **Posición y tamaño:** a partir de las opciones que nos da QGIS, situamos las diferentes ventanas gráficas sobre el papel. Es un aspecto importante para determinar pues aquí es donde estableceremos los márgenes del papel para evitar cortes o escalados a la hora de la impresión. En el caso que estamos tratando, vamos a dejar 7.5 mm de margen por cada uno de los lados del papel. Podemos elegir el punto de referencia de los valores para cada una de las ventanas para un trabajo más cómodo.

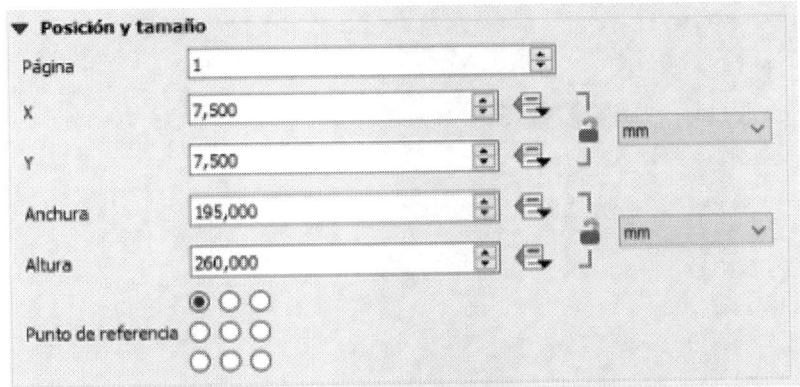

- **Rotación:** con este comando podemos rotar las ventanas gráficas el valor deseado en grados. En este caso la rotación establecida para las ventanas es 0°.

- **Marco:** Con él configuramos las características del contorno de cada ventana gráfica. En nuestro caso seleccionamos una línea continua con un grosor de 0.5 mm y una terminación de esquinas de tipo *bisel*.

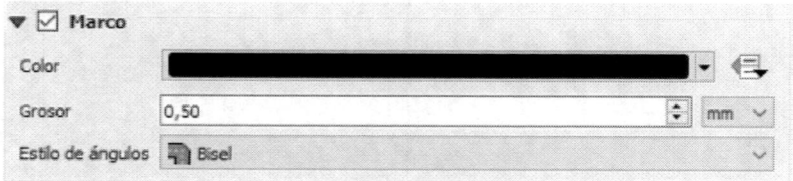

- **Fondo:** si se desea, también es posible modificar el color de fondo del papel. En este caso se mantiene en color *Blanco*.

Con todo esto, quedan configuradas las ventanas gráficas y todas las características que se pueden incorporar a las mismas.

9.2.2 Añadir etiquetas

El plano o mapa también debe contener información en forma de texto. Es imprescindible si se está elaborando un informe o proyecto, que sobre el plano aparezca información referida al mismo, autor, numero de plano, etc. A continuación, y mediante cuadros de texto vamos a establecer el cajetín de nuestro plano, que posteriormente podremos exportar para poder utilizarlo en los demás planos que contenga el informe o proyecto.

Haciendo *click* sobre 🖾 podemos insertar cuadros de texto en los cuales podemos configurar las siguientes características:

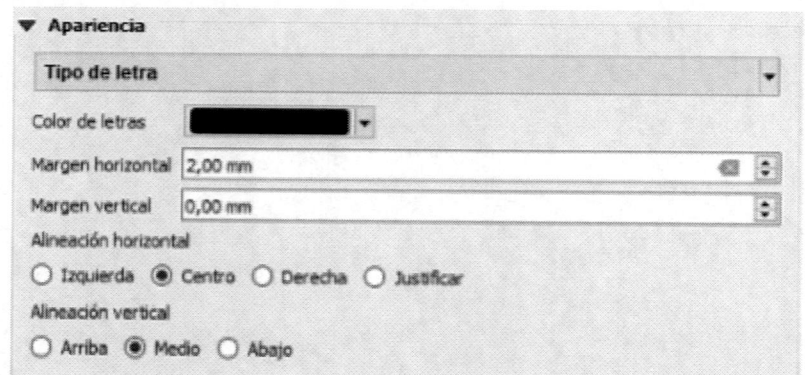

Figura 9.9: Configuración de apariencia.

Las mismas no son más que la configuración de un texto cualquiera. Se define el tipo de letra, tamaño y estilo, márgenes que lo separan del cuadro y la justificación. Se pueden definir también todos los parámetros referentes al marco, fondo y rotación del mismo modo que se hizo con las ventanas gráficas. Tras insertar diferentes cuadros y ubicarlos sobre la composición, podemos elaborar un cajetín como el que se muestra a continuación.

Figura 9.10: Resultado de introducción de cajetín en mapa.

9.2.3 Añadir leyenda

Otro aspecto importante en la elaboración de mapas es la descripción gráfica de los elementos que aparecen en el mismo, nos referimos a la leyenda. En ella se muestra una breve descripción de los objetos visibles en el plano. Para insertarla, será suficiente con hacer *click* sobre ᵇ⋅ y pinchar sobre el plano donde deseamos insertarla.

Por defecto, se genera una leyenda con todo el contenido existente en el panel de capas, por lo que debemos eliminar todos aquellos que no aparezcan. Para ello, en el panel de *Elementos de la leyenda* que aparece a la derecha, seleccionamos la opción *Mostrar solo los elementos dentro del mapa*. Con esto nos aseguramos de que si en algún momento añadimos o quitamos algún elemento, la misma se actualizará de forma automática.

Tras ello, solamente queda configurar la parte estética de la leyenda:

- Podemos elegir donde se deben mostrar los elementos, si a izquierda o derecha de los textos.

• Configuramos el texto como en el caso anterior con los cuadros.

• Elegimos el número de columnas en las que se divide la leyenda.

• Elegimos el tamaño de los símbolos, en unidades del plano.

• Elegimos la posición y el tamaño del cuadro y el color de fondo.

En nuestro caso, el resultado es el siguiente:

Figura 9.11: Resultado de implementación de la leyenda.

9.2.4   Añadir barra de escala

Para añadir una barra de escala, hacemos *click* sobre ▦ y mediante el botón izquierdo del ratón la situamos en la vista del diseñador. Se pueden personalizar las siguientes características en la pestaña *Propiedades del elemento*.

• Propiedades principales:

  – En primer lugar, se selecciona el mapa al que hace referencia la barra.

  – Se selecciona el estilo entre los disponibles. En nuestro caso será Recuadro simple.

• Unidades:

  – Unidades de la barra de escala: en escalas pequeñas como la utilizada en estos planos es recomendable utilizar km.

  – Multiplicador: el valor introducido reducirá los valores representados a la escala seleccionada. La recomendación es dejarlo en 1.

  – Etiqueta: podemos añadir una etiqueta con texto que se muestre junto a la barra. Por ejemplo, con *km* indicando que son kilómetros.

• Segmentos:

  – Segmentos: se enumeran los tramos que deseamos que aparezcan a izquierda y derecho del cero.

– Anchura: se introduce el valor (elegido anteriormente en *unidades*) de los segmentos.

– Altura: será la altura, en mm, de representación de la barra sobre el plano.

Los demás parámetros son nuevamente el estilo de texto, marcos, fondo, etc que se configuran del mismo modo que en los casos anteriores. En nuestro caso, la barra queda del siguiente modo:

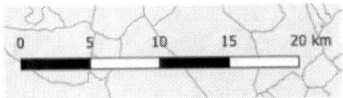

Figura 9.12: Resultado de implementación de la barra de escala.

9.2.5 Añadir Imagen: Introducción del símbolo Norte

Es posible que se requiera añadir imágenes externas a los planos. En este caso, vamos a introducir el norte como una imagen *svg* externa. Para ello, hacemos *click* sobre ▦ y establecemos con el ratón la extensión de la imagen. A la derecha se nos abre el panel de *Propiedades del elemento* donde en el apartado de *Directorios de búsqueda* nos aparece una serie de símbolos predefinidos de QGIS. Seleccionamos uno de ellos para la representación del norte[1]

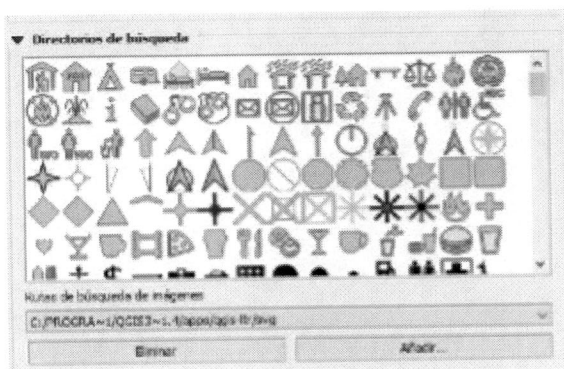

Figura 9.13: Listado de iconos.

Del mismo modo, se pueden insertar archivos externos creados o descargados. En nuestro caso, el símbolo del norte seleccionado queda del siguiente modo.

---

[1]En versiones posteriores a la 3.4 existe un símbolo específico para insertar el norte ▲. La configuración mediante esta opción es idéntica a la explicada en este punto.

Figura 9.14: Resultado de introducir el icono de Norte.

9.2.6 Añadir tabla

Es posible también añadir al mapa, información referente a la tabla de atributos de los elementos. Esto puede ser muy útil para añadir coordenadas de puntos o listados de elementos. Para insertarla, accedemos mediante ⬛. En este caso, vamos a añadir una tabla donde se muestre el municipio objeto de estudio, su provincia y comunidad autonómica y el área en km^2. Todos estos valores ya se encuentran en su tabla de atributos por lo que únicamente tendrá que leerlos.

Insertada la tabla, debemos indicarle a que capa pertenecen los datos a mostrar y por defecto se mostrarán todas las columnas que contiene. Para acotar la información que deseamos que se muestre, hacemos *click* sobre *Atributos* en el panel de *Propiedades Principales*. En el podemos establecer el orden, los títulos de los encabezados, la alineación, etc.

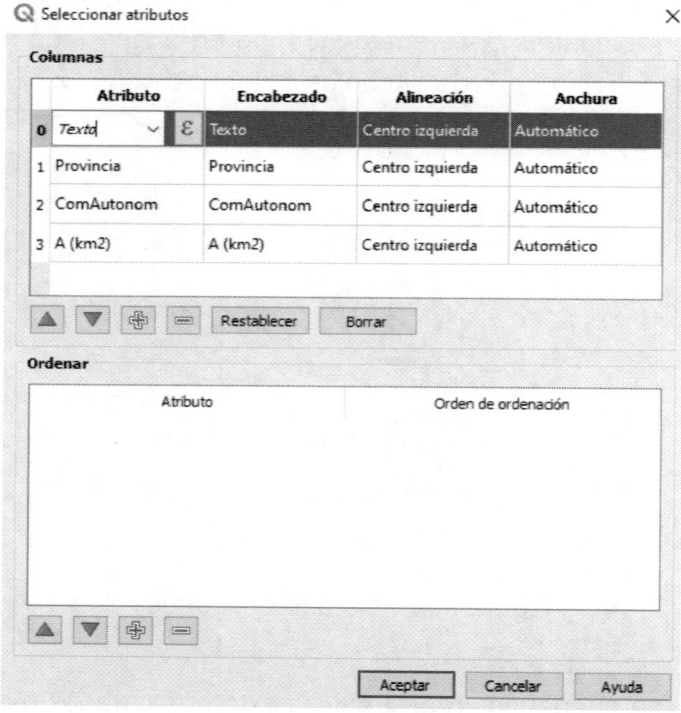

Figura 9.15: Selección de atributos.

En el caso de trabajar con tablas extensas, es probable que queramos automatizar los procesos y que únicamente se muestren los elementos visibles en el mapa o que se muestren aquellos que cumplen una condición (*Filtrar con*).

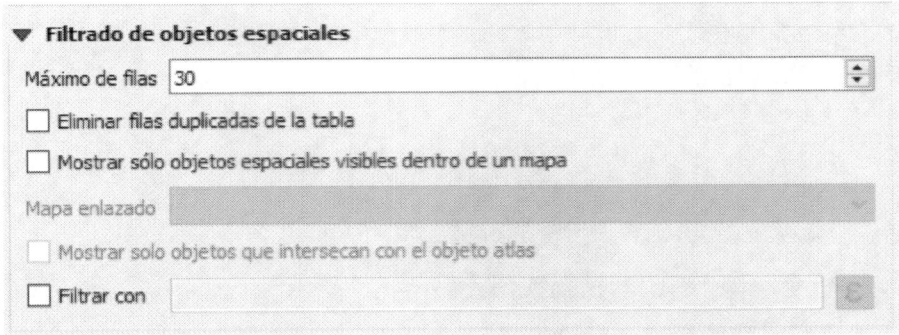

Figura 9.16: Filtrado de objetos espaciales.

En nuestro caso, la tabla queda del siguiente modo:

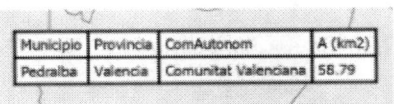

Figura 9.17: Resultado de añadir una tabla.

9.2.7   Añadir formas

Para establecer indicaciones gráficas sobre el mapa, podemos añadir flechas o polígonos que ayuden a la descripción de los elementos. A ellos se accede mediante los botones ⬍ y ⬍.

El dibujo sobre la composición se hace de forma simple como lo hacíamos en el lienzo de trabajo. En nuestro caso, vamos a añadir una flecha que sitúe sobre el plano de la derecha la parcela en la que se ubicarán las actuaciones. Al dibujarla nos aparece a la derecha la siguiente ventana para la configuración gráfica de la flecha.

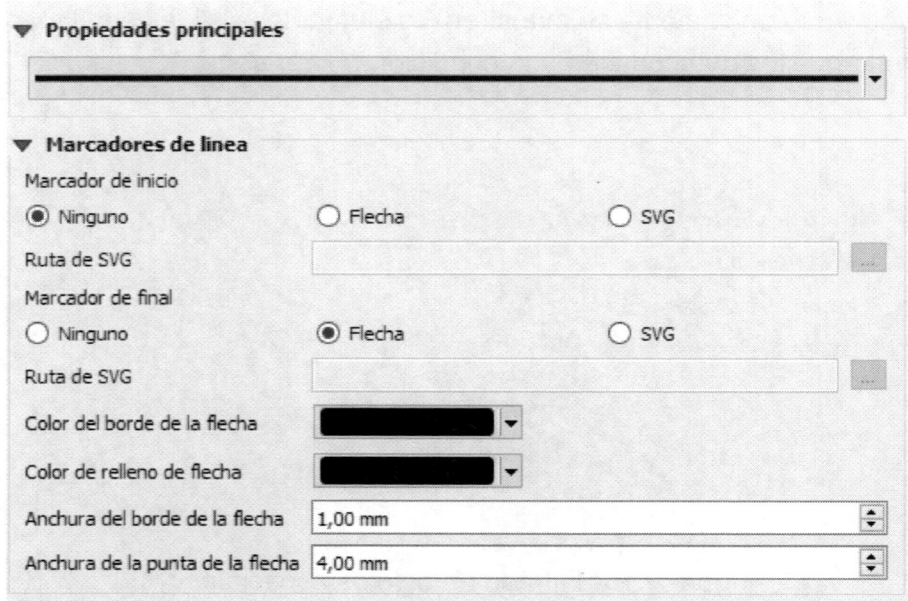

Figura 9.18: Menú para añadir formas.

Sobre ella elegimos el estilo de la directriz y las características de la flecha, así como sus colores y anchuras. En nuestro ejemplo queda del siguiente modo:

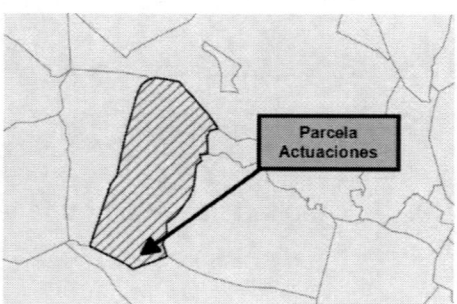

Figura 9.19: Resultado de añadir una tabla.

9.3 Exportar/importar plantilla

Como dijimos anteriormente, en el caso de estar elaborando un informe o proyecto el mismo contendrá más de un plano. Por ello, es de utilidad reutilizar la plantilla creada durante todo el proceso explicado en el punto 8.2. Con ello nos aseguramos de que el cajetín será idéntico y los estilos de línea, letra, leyenda, márgenes también lo que dotará a nuestro trabajo de uniformidad.

Para ello, seguimos la ruta *Diseño - Guardar como plantilla* donde seleccionamos un directorio y guardamos un archivo con extensión *.qpt.* Cuando trabajemos sobre una composición nueva y deseemos importarlos iremos a *Diseño - Añadir elementos desde plantilla.*

9.4 Exportación de planos

Una vez terminada la composición, es posible su exportación como archivo independiente en los formatos **.pdf*, **.jpeg*, **.svg* entre otros. En nuestro caso, lo vamos a exportar en *PDF* por lo que vamos a «*Diseño - Exportar como PDF*» donde elegimos la ruta y se guarda. Cuando trabajemos con imágenes *raster* o el mapa tenga en su interior un gran número de elementos, la exportación puede durar un tiempo (30-60 segundos).

Finalmente, ya es posible abrir con un lector de archivos *PDF* el plano obteniendo el siguiente resultado.

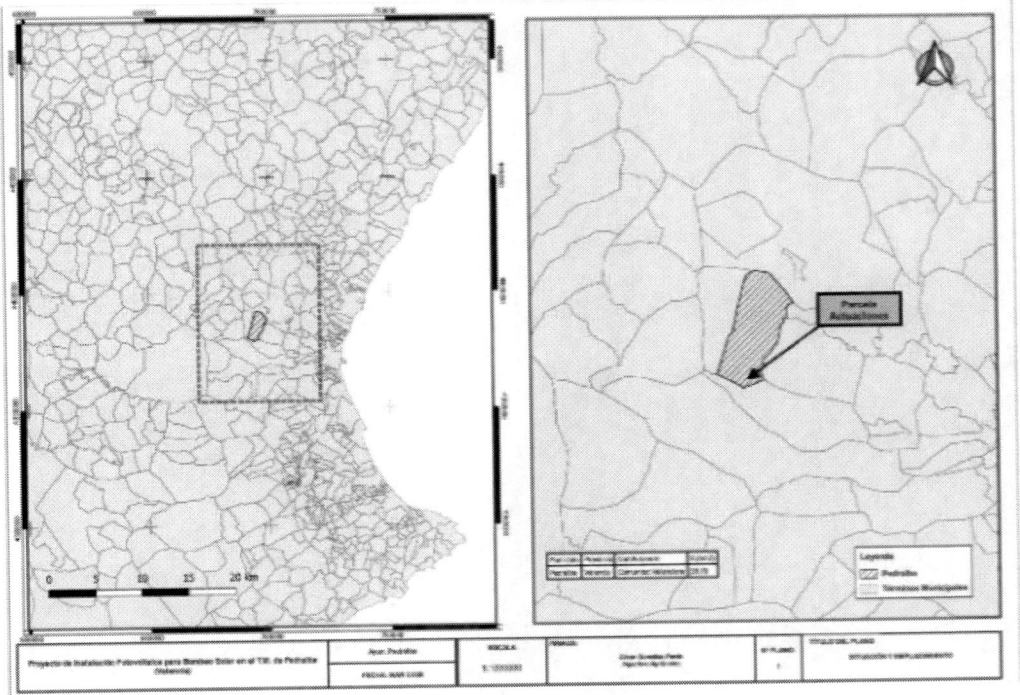

Figura 9.20: Resultado del plano completo.

Apéndices

Apéndices A

Ejemplo de aplicación: Trazado de redes de riego mediante QEPANET

En este anexo se adjunta un ejemplo de aplicación a partir de lo aprendido en este libro. En este anexo, aprenderás además a instalar complementos (*plugins*) en el programa QGIS. Estos complementos son de gran interés y resultan de especial interés para mejorar la productividad de la persona usuaria.

El trazado y gestión de redes de riego es una de las aplicaciones de gran potencial que tienen los sistemas de información geográfica y, en particular, QGIS 3. En este anexo se presenta uno de los plugins disponibles para el trazado de redes de riego y posterior exportación a diferentes programas de simulación y dimensionado de las mismas.

A.1 Datos previos

Tras el estudio de la zona regable y la selección de parcelas mediante QGIS ya se dispone de superficie a abastecer y, por tanto, es el momento de trazar la red de riego por aquellas vías y caminos donde sea más sencillo, donde exista espacio suficiente y se generen las menores afecciones posibles.

Figura A.1: Localización de la zona de interés.

La zona regable que vemos en la imagen tiene una superficie de 186.82 ha y un total de 421 parcelas catastrales. Aproximadamente, en la zona noreste se sitúa el cabezal de riego, desde donde va a partir la red y que se toma como punto inicial de la misma. Tras ello, se trazarán las conducciones llevando las tuberías principales hasta los hidrantes multiusuario desde donde partirán las tomas de cada una de las parcelas regables.

Mediante QEPANET vamos a disponer en planta el punto de captación (Cabezal), las conducciones principales y los hidrantes multiusuario (nudos de consumo) donde se acumulará el caudal demandado por cada grupo de parcelas que se alimenten de ese hidrante.

A.2 Instalación del complementos QEPANET

Para instalar el plugin accedemos al menú *Complementos > Administrar e instalar complementos* y hacemos la búsqueda de QEPANET, obteniendo el siguiente resultado.

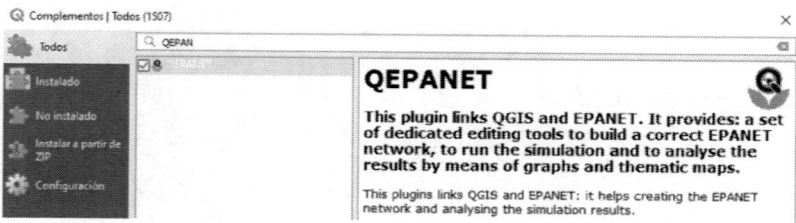

Figura A.2: Menú de búsqueda de complementos QGIS.

En el margen inferior derecho aparecerá la opción *Instalar complemento* donde hacemos *click* y el *plugin* queda instalado para su uso. El mismo, se nos añade a la interfaz de QGIS 3 con el símbolo ⬚.

A.3 Interfaz

Al iniciar QGIS con el complemento instalado, para hacer uso de este hacemos *click* sobre el símbolo principal del programa y se nos abre una ventana para buscar un archivo *.inp*. Aquí tenemos dos opciones:

- **Nueva red:** tendremos que buscar el directorio donde guardar el archivo *.inp* que se genera y asignarle un nombre.

- **Cargar una red:** buscaremos el directorio en el que se encuentra el archivo *.inp* con la red y lo cargaremos.

Tanto en una opción como en otra, al abrir nos pedirá el sistema de referencia que deben tener las capas que va a generar a partir de la información de los *.inp*. Escogemos el que nos corresponda. Tras ello, se abrirá la interfaz principal del sistema donde están todos los botones de trazado, opciones de guardado, características del proyecto, etc. Los botones principales que nos van a servir para el trazado de la red de riego son los que se muestran a continuación.

Figura A.3: Menú de opciones del complemento QEPANET

De forma ordenada, se muestran enumeradas las características del menú de opciones:

1. Crear un nuevo proyecto.

2. Abrir un proyecto guardado.

3. Guardar proyecto actual.

4. Guardar proyecto actual como.

5. Crear un nudo, ya sea de consumo o bifurcación.

6. Crear un embalse (volumen infinito).

7. Crear un depósito (volumen finito).

8. Crear una línea.

9. Crear un equipo de bombeo.

10. Crear una válvula.

11. Desplazar un elemento.

12. Eliminar un elemento.

Con estas funciones principales vamos a poder crear todos los elementos necesarios que definen una red de riego a presión.

A.4 Configuración y propiedades

Existen parámetros que se deben configurar al inicio del proyecto y que afectarán a todos los elementos que se introduzcan en el futuro. El panel de configuración tiene el siguiente aspecto. En los siguientes puntos se define como configurar cada apartado y que archivos utilizar en cada caso.

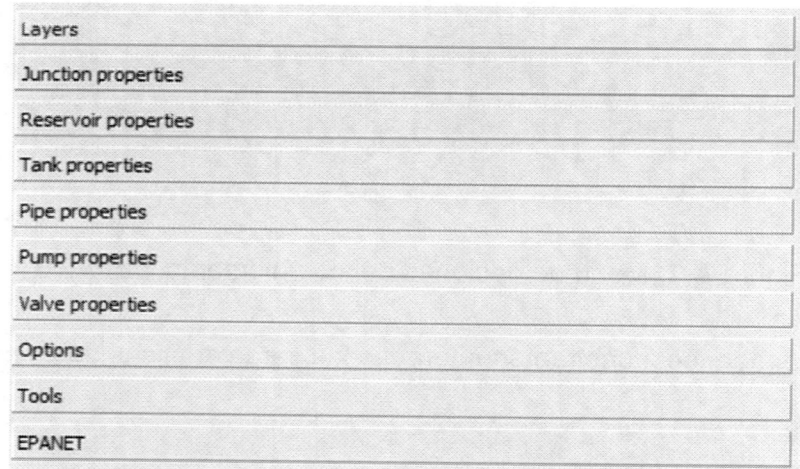

Figura A.4: Panel de configuración del complemento QEPANET

A.4.1 Layers

En este punto se debe definir el archivo *raster* que contiene el Modelo Digital del Terreno (MDT) o Modelo Digital de Elevaciones (MDE). Este archivo contiene las cotas las cuales se asignarán automáticamente a cada nudo que definamos posteriormente. El archivo de MDT o MDE debe estar en el panel principal de QGIS 3 para poder seleccionarlo, en este caso recibe el nombre de *46202*.

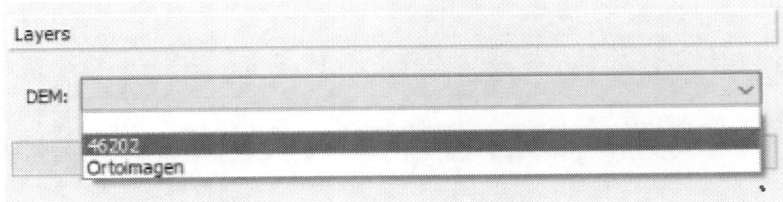

Figura A.5: Configuración de *layers*.

A.4.2 Junction properties

En este punto podemos introducir diferentes valores por defecto que tendrán cada uno de los nudos que creamos. Algunos de los datos que se pueden introducir son los siguientes:

Figura A.6: Configuración de *Junction properties*.

Donde:

- **Demand:** corresponde con el caudal de cada nudo.

- **Delta Z:** Es la altura del nudo en metros sobre el nivel del mar.

- **Pattern:** se refiere al sector de funcionamiento.

En este punto se aconseja no introducir datos al principio, pues lo que aquí se asigne se añadirá a todos los nudos. Es mejor dejarlo para el final una vez la red esté trazada.

A.4.3 Reservoir properties

Los embalses son nudos de alimentación de los cuales se puede extraer tanto caudal como volumen infinito. Se utilizan para poner cota (o presión) a los nudos iniciales en la red, pero no se tiene en consideración su tamaño o la variación de presión cuando se llenan o vacían. La configuración es muy similar, pues también se trata de un tipo de nudo. Algunos de los datos que se pueden introducir son los siguientes:

Figura A.7: Configuración de *Reservoir properties*.

Donde:

- **Delta Z:** Es la altura del nudo en metros sobre el nivel del mar.

- **Pressure head:** presión en el punto de vertido.

- **Pattern:** se refiere al sector de funcionamiento.

Nuevamente, como en el caso de los nudos, en este punto se aconseja no introducir datos al principio, pues lo que aquí se asigne se añadirá a todos los nudos. Es mejor dejarlo para el final una vez la red esté trazada.

A.4.4 Tank properties

Los depósitos, a diferencia de los embalses, si tienen propiedades de volumen finito y altura. Cuando se utilizan embalses es interesante ser preciso en la introducción de datos, pues los mismos tendrán influencia en el funcionamiento posterior de la red. Algunos de los datos que se pueden introducir son los siguientes:

Figura A.8: Configuración de *Tank properties*.

Donde:

- **Delta Z:** incremento de altura sobre la cota del depósito, en metros.

- **Level init:** es el nivel inicial del depósito, en metros.

- **Level min:** es el nivel mínimo de agua que puede haber dentro del depósito, en metros.

- **Level max:** es el nivel máximo de agua que puede haber dentro del depósito, en metros.

- **Diameter:** es el diámetro del depósito, en el caso de que sea circular, en metros.

- **Volumen min:** volumen mínimo que puede haber dentro del depósito, en metros cúbicos.

- **Curve:** Se asigna una curva de altura-volumen para diferentes formas geométricas de depósitos.

A.4.5 Pipe properties

En el caso de las tuberías son elementos de tipo línea, por lo que sus características son diferentes a las anteriores que eran de tipo punto. Algunas de las propiedades que se pueden definir son las que se muestran a continuación:

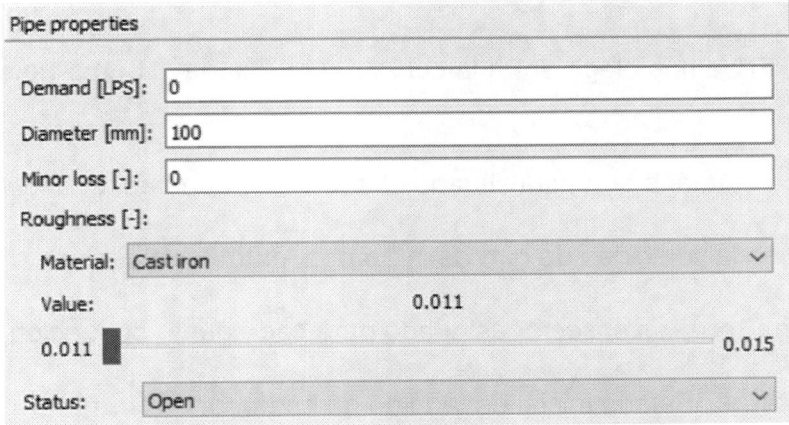

Figura A.9: Configuración de *Pipe properties*.

Donde:

- **Demand:** es el caudal circulante por la tubería, en litros por segundo.

- **Diámeter:** es el diámetro interior de la tubería, en milímetros.

- **Minor loss:** son las pérdidas de carga localizadas.

- **Roughness:** es el coeficiente de rugosidad del material de la tubería.

- **Status:** el estado inicial de la tuberia. Puede ser Open o Closed.

A.4.6 Pump properties

En este punto se configuran las características de los equipos de bombeo, en el caso de que los haya. Los puntos para describir son los siguientes:

Figura A.10: Configuración de *Pump properties*.

Donde:

- **Param:** Podemos elegir entre la curva Altura-Caudal (H-Q) o Potencia-Caudal (P-Q).

- Head: La cota a la que está situado el equipo de bombeo, en metros.

- **Speed:** es la velocidad de giro de la bomba, en revoluciones por minuto.

- **Speed pattern:** es el sector asignado para cada punto de funcionamiento.

- **Initial status:** Estado inicial del equipo de bombeo.

A.4.7 Valve properties

Dentro de QEPANET se utilizan diferentes tipos de válvulas como son válvulas reductoras de presión (PRV), sostenedoras de presión (PSV), rotura de carga (PBV), limitadora de caudal (FCV) y válvula de regulación (TCV). Las características para definir para cada válvula son:

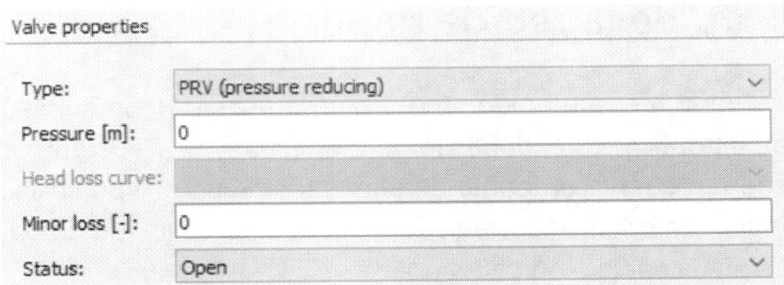

Figura A.11: Configuración de *Valve properties*.

Donde:

- **Type:** tipología de la válvula.

- **Pressure:** presión a la entrada de la válvula, en m.

- **Minor loss:** pérdidas de carga producidas por la válvula.

- **Status:** estado inicial de la válvula.

A.4.8 Hydraulic Options

En este apartado se explican algunas de las opciones de tipo hidráulico más utilizadas en el caso del trazado de redes de riego. Existen más opciones, pero no se aplican en este campo. Podemos seleccionar las unidades que queremos utilizar tanto para caudales como para presión. Además, es posible seleccionar la fórmula de pérdidas de carga a utilizar.

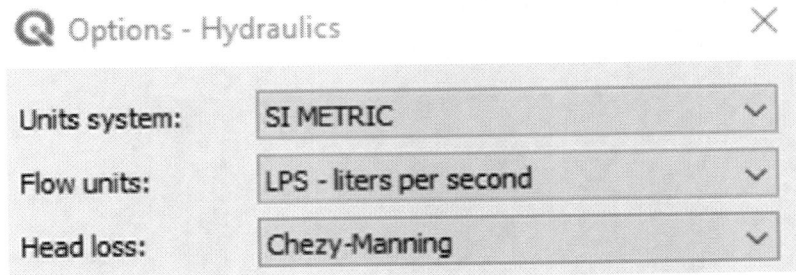

Figura A.12: Configuración de *Hydraulic options*.

A.4.9 Tools

Existen herramientas de asistencia en el trazado. Una de las más importantes y que nos ayudará a definir correctamente nuestra red es el Snap tolerance el cual se recomienda utilizar valores entre 10-20 píxeles.

A.5   Trazado de la red de riego

Con todo configurado, es el momento de trazar la red de riego sobre la superficie. En primer lugar, introducimos el depósito ⊟ o embalse ⊡. Si unicamente lo que se pretende es tener en cuenta un punto de alimentación con disponibilidad de caudal pero donde el volumen no es importe se recomienda introducir un embalse donde su cota sea la presión disponible en cabecera.

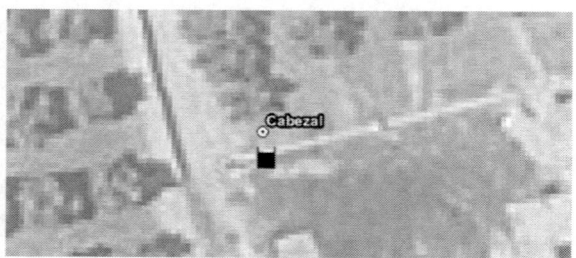

Figura A.13: Definición de cabezal.

Tras ello, con la opción de introducir líneas ⊢⊣ partimos desde el embalse e introducimos una línea hasta el siguiente punto de bifurcación o consumo. Para asegurarnos de que el trazado el correcto, nos debe aparecer al acercamos al embalse con el ratón, un círculo rojo que indica que ha detectado el punto y la línea parte de ese punto. Para generar vértices y cambiar de dirección en el trazado vamos haciendo *click* izquierdo. Después de trazar la línea se hace *click* con el botón derecho para finalizar el trazado.

Es importante trazar las líneas en el sentido que va a llevar el agua desde la captación hasta el consumo. Si hemos cometido errores, borramos la línea 🗑 y volvemos a trazar.

Figura A.14: Implementando trazado de riego.

Si queremos introducir las pérdidas de carga que generará la estación de filtrado o la valvulería del cabezal, podemos introducir una válvula ⋈ en la conducción principal.

Seguimos trazando las líneas hasta los puntos donde haya bifurcaciones o queramos introducir un nudo de consumo, conformando así la totalidad de la red.

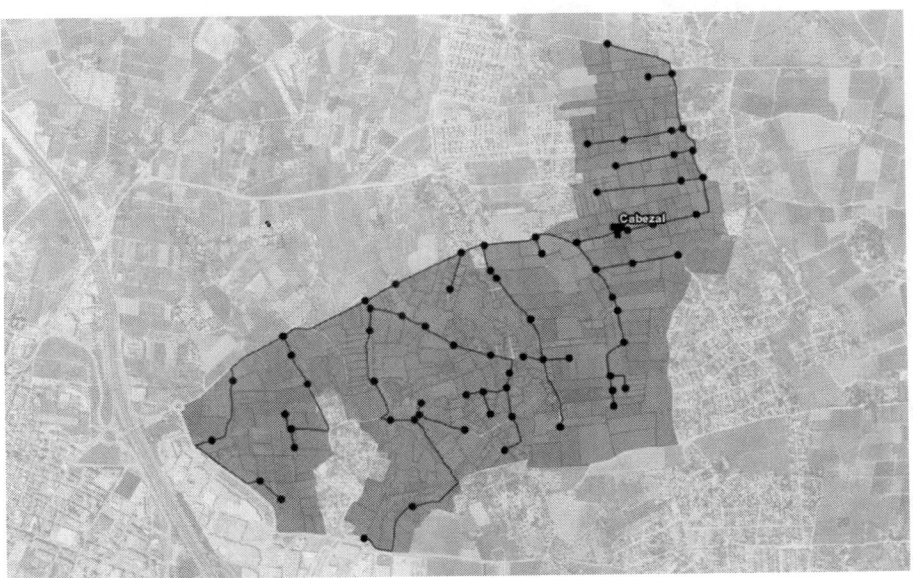

Figura A.15: Diseño completo de la red de riego.

A.6   Guardado y exportación

Una vez finalizado el trabajo o durante para no perder los datos introducidos se debe guardar la red haciendo *click* en 🖫 . En todo momento, se va sobrescribiendo sobre el archivo inicial *.inp* que nos servirá posteriormente para importar a EPANET y simular nuestra red o para llevarla a un software de dimensionado de redes.

A.7   Capas SHP

La combinación del entorno de EPANET con el entorno de QGIS 3 nos permite obtener las capas vectoriales en diferentes formatos. Además, los parámetros geométricos como coordenadas o longitudes se calculan de forma automática y se actualizan en el caso de desplazar algún punto o línea.

Durante todo el proceso, se han ido generando las capas temporales en el panel de QGIS 3. Estas capas se muestran del siguiente modo y tienen su simbología preconfigurada.

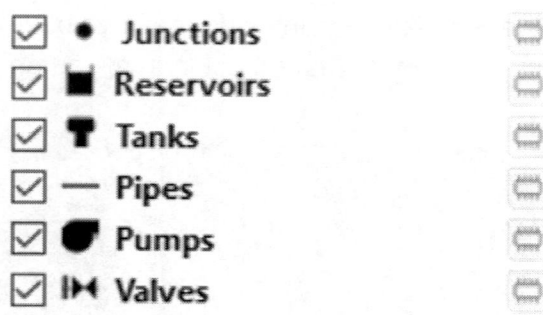

Figura A.16: Capas creadas mediante QEPANET.

Cada una de estas capas tiene toda la información en su tabla de atributos. Por ejemplo, a cada elemento sea línea, nudo, embalse, etc. Se le asigna un nombre particular para su diferenciación.

id	length	diameter	status	roughness	minor_loss	material	description	tag
1	P10	132,599	200	OPEN	0,1	0	NULL		
2	P100	336,446	200	OPEN	0,1	0	NULL		
3	P101	73,377	200	OPEN	0,1	0	NULL		

Figura A.17: Tabla atributos de los elementos creados mediante QEPANET.

En la imagen vemos como a la capa de conducciones se le asigna un *id* a cada una de ellas, se mide su longitud y, por defecto, se introduce el diámetro que hayamos puesto. Esta tabla es editable y se pueden corregir todos los datos.

A.8 Consejos y recomendaciones

Puesto que se trata de un plugin particular de QGIS, la experiencia permite dar ciertas recomendaciones que optimizarán tanto los tiempos de trabajo como la calidad del resultado. Algunas de ellas son:

- Utilizar siempre la interfaz del plugin y nunca la propia de QGIS 3 para el trazado de líneas y puntos. Esto puede generar errores que dejen inutilizado el archivo *.inp.

- Guardar periódicamente.

- Introducir el layer de MDT al inicio del diseño para que así todos los puntos tomen automáticamente el valor de la cota del terreno. En caso contrario, se tendrá que introducir de forma manual al final.

Índice de Figuras

Bibliografía

[1] NCGIA, 1990. National Center for Geographic Information and Analysis.

[2] Didier, M., Bouveyron, C., 1993. GIS Economic and Methodological Guide.

[3] Neményi, M., Mesterházi, P.Á., Pecze, Z., Stépán, Z., 2003. The role of GIS and GPS in precision farming, en: Computers and Electronics in Agriculture. Elsevier, pp. 45-55.

[4] Sharma, A., Kumar, M., Hasteer, N., 2020. Applications of GIS in Management of Water Resources to Attain Zero Hunger, Advances in Water Resources Engineering and Management. Springer.

[5] Djokic, D., Maidment, D.R., 1993. Application of GIS Network Routines for Water Flow and Transport. J. Water Resour. Plan. Manag. 119, 229-245.

[6] Atkinson, R.M., Morley, M.S., Walters, G.A., Savic, D., 1998. GANET: The Integration of GIS, Network Analysis and Genetic Algorithm Optimization Software for Water Network Analysis, en: Hydroinformatics. pp. 357- 362.

[7] Ramesh, H., Santhosh, L., Jagadeesh, C.J., 2012. Simulation of hydraulic parameters in water distribution network using EPANET and GIS, en: International conference on ecological, environmental and biological sciences. Dubai, pp. 250-353.

[8] González Pavón, C. (2023). Optimización de la localización de hidrantes multiusuario y trazado de redes de riego a presión mediante la utilización de SIG [Tesis doctoral]. Universitat Politècnica de València.

[9] Bosque Sendra, J., 1997. Sistemas de información geográfica, 2a ed. cor. ed. Rialp, Madrid.

[10] Fisher, P., Unwin, D. (2005). Re-presenting geographical information system. John Wiley and Sons.